新媒体电商系列教材

短视频创作

DUAN SHIPIN CHUANGZUO

方政 主编

河北大学出版社
·保定·

出 版 人：刘相美
责任编辑：冯博楠
装帧设计：赵　谦
责任校对：陈浩苏
责任印制：常　凯

图书在版编目（CIP）数据

短视频创作 / 方政主编 . -- 保定 ：河北大学出版社，2024. 11. -- ISBN 978-7-5666-2487-1

Ⅰ . TN948.4；F713.365.2

中国国家版本馆 CIP 数据核字第 20245HQ327 号

出版发行：河北大学出版社

地址：河北省保定市七一东路2666号　邮编：071000

电话：0312-5073003　0312-5073029

网址：www.hbdxcbs.com

邮箱：hbdxcbs818@163.com

印　　刷：保定市文昌印刷有限公司

幅面尺寸：185 mm × 260 mm

字　　数：240千字

印　　张：13.5

版　　次：2024年11月第1版

印　　次：2024年11月第1次印刷

书　　号：ISBN 978-7-5666-2487-1

定　　价：48.00 元

如发现印装质量问题，影响阅读，请与本社联系。

电话：0312-5073023

编　委　会

参编单位：

清华大学

青岛大学

青岛科技大学

河北水利电力学院

山东外贸职业学院

山东轻工职业学院

沧州师范学院

沧州职业技术学院

万港职业培训学校

青岛市广播电视台

青岛市报业集团

青岛市网商协会

青岛市直播电商协会

青岛萱芷会企业管理有限公司

青岛海九传媒集团有限公司

山东东央建设集团有限公司

河北万港商业集团有限公司

前　言

智能手机的普及和人们愈加碎片化的时间，给短视频提供了广阔的生存空间。短视频作为电商直播的助力催化剂，在电商运营方面起着举足轻重的作用。一个优质的短视频可以迅速扩大品牌产品知名度，提高店铺账号流量。

短视频行业未来有哪些潜力？用户为何会刷到停不下来？如何让自己的短视频更有吸引力？为了收获更多流量，短视频应该如何创作？短视频如何实现快速营销和变现？

首先，短视频作为一种新的媒介方式，有别于传统媒介，所有内容都通过视频来呈现。与纸质媒介相比，短视频的优点在于内容具有生动性，可以瞬间吸引受众的关注。其中的关键点是视频内容的独特性和新奇性，这是在商业竞争中不容忽视的重要因素。对于短视频平台而言，只有不断激励用户产出更多优质的内容，才能更快地占据更大的市场份额。

其次，短视频营销的市场规模将会不断变大，其中涉及短视频的变现问题。相较于商业广告的贴片和冠名方式，短视频更适合植入软性广告。除此之外，不少短视频团队也开始尝试短视频与电商结合的变现模式，这种变现模式正在被越来越多的人接受。随着内容投资创业的热潮不断翻滚，很多企业、团队，甚至个人都投入到这场激烈的“战斗”中。短视频在今后的发展中将呈现出多元化、多样化和专业化的特点。短视频只是一种变革后的媒介形式，使内容的表达与呈现更加丰富多元，互动性更强，内容更加精简。谁紧跟时代浪潮，谁就能将短视频运营做到更好。

本书共分为十五章，分别从短视频策划、文案撰写、人员配置、拍摄技巧、视频剪辑、发布规则及粉丝维护运营等多方面进行详细讲解，结合优秀案例的剖析，让读者能够真正熟知短视频创作的整个过程。

希望本书的出版可以为相关从业者提供有益的指导和建议，使相关从业者具备创作优秀短视频的能力，实现短视频运营的利润最大化。

编者

2024 年 5 月

目　　录

亲爱的读者朋友：

感谢您选择《短视频创作》这本书，为了帮助您更深入地理解和实践书中的知识，我们特别在网易云课堂上开设了实操视频课程。

扫描下方二维码，即可直达课程页面，享受丰富的视频教学资源。在这里，您将通过生动的案例分析、实操演示，以及讲师的详细讲解，全面掌握短视频创作的精髓。

让我们携手共进，在新媒体电商的浪潮中，共创辉煌！

http://m. study. 163. com/provider/480000002309912/index. htm?share=2&shareId=480000002309912

第一章　短视频：创业风口

凭借低成本、传播广等优势，微博、微信等新媒体平台在极短的时间内卷起了一场互联网时代的龙卷风。与此同时，短视频也在伴随着这些新媒体平台的兴起而备受青睐。如今，短视频已不再是仅供人们在闲暇之时娱乐的谈资，而是一片融入多种商业要素的“新蓝海”。

第一节　刷到停不下来的短视频

如今，在地铁、火车、餐厅、公交……身边刷抖音、快手之类的人随处可见。让人“上瘾”的短视频，和阅读图文太久会疲乏不同，刷短视频不仅不累，反而越刷越有精神。很多时候，几个小时一“刷”而过，浑然不觉。

短视频顾名思义即短片视频，是一种互联网内容传播方式，一般是在互联网新媒体上传播的时长在 5 分钟以内的视频。随着移动终端的普及和网络的提速，短平快的大流量传播内容逐渐获得各大平台、观众和资本的青睐。

短视频平台最先出现在国外，如 Instagram、Vine、Snapchat 等。国内此类产品的起步稍晚于国外，相继有抖音、快手、美拍短视频等入局。具体来说，短视频有三大特点：一是视频时长短，一般控制在 30 秒左右；二是制作门槛低，无须专业拍摄设备；三是社交属性强，社交媒体平台是其主要的传播渠道。

短视频的出现是对社交媒体现有主要内容（文字、图片）的一种有益补充，同时，优质的短视频内容亦可借助社交媒体的渠道优势实现“病毒式”传播。

短视频是对传统媒介方式的革命，也是一种补充。传统媒介的内容表达方式主要是静态的文字和图片；而短视频的内容表达方式是动态的视频。相对于静态的内容表达方式，动态的更容易吸引人的注意力。

因此，一种新型的媒介内容表达方式诞生了。基于其属性的原因，表达什么样的内容就是接下来要讨论的问题了。这也就很容易理解媒介的本质属性、传播内容。传播什么样的内容就是媒介根据自身的优势和特点而定的。

随着视频营销概念的火热以及众多成功案例的出现，各个企业也开始逐渐重视起短视频这个新型媒介，并借助短视频输出自己的文化和产品，以此来营销自己。

尽管短视频是最近几年才走进大众视线的，实际上，短视频的崛起并不局限于某一终端，其发展的时间也绝对不是一天两天的事情。如果从专业的角度来分析，短视频领域的演变总体上经历了三个时期。

一、蓄势期（2012—2014 年）

从 21 世纪初开始，移动互联网的普及速度明显加快。到了 2012 年，智能手机、室内无线网络、室外 3G 网络得到了广泛普及，此时短视频工具也应运而生并出现了短视频行业发展早期的“三巨头”：腾讯推出的微视、美图秀秀旗下的美拍、新浪推出的秒拍。伴随着短视频的兴起，行业开始初具规模，但由于题材狭窄、制作粗糙等原因，这个时期的短视频行业总体上还处于“不温不火”的状态，其“主战场”也以传统的网页端为主，尚未在其他平台产生足够的影响力。

二、转型期（2014—2015 年）

2014 年，比 3G 网络更为先进的 4G 网络开始普及，同时各大运营商积极开展提速降费工作，而移动视频经过几年的铺垫也收获了一批比较成熟的观众。在发展环境持续利好的情况下，短视频行业也开始了悄然的转型之路。这一时期最明显的变化就是短视频的推送开始从单一化走向多元化，从传统的视频网站开始向微信端、微博端及其他 App 端扩展。正因如此，从 2014 年起，短视频的传播渠道实现了质的飞跃，所以这一年称为“中国移动短视频元年”。

三、爆发期（2016 年至今）

从 2016 年开始，短视频开始向新媒体领域全面发力。这一时期，短视频不仅在优酷、腾讯等平台掀起了一轮又一轮的话题狂潮，也在微信端、微博端获得了极大的关注，大批资本和专业人士纷纷进入短视频领域。此时，短视频不但在内部完成了题材多元化的转型，更在外部完成了传播渠道的改弦更张。现在的短视频已经将微信、微博等作为自己的主要传播载体。

经过了多年的发展，今天的短视频早已从新媒体发布内容的陪衬变成了主角，而伴随其一路走来的，是无数人力资源和大量涌入的资本。

首先，有识之士的参与。短视频在互联网行业一日更胜一日的火热，引起了很多有识之士的关注。短视频内容制作的创业大潮中涌入了很多精通短视频技术和短视频内容策划的专业人士，并在短短的几年时间里凭借自身的努力和行业的契机迅速成为新媒体行业的新星。

2013 年，《外滩画报》总编辑徐沪生辞去职务，于第二年创办了视频新媒体“一条”。

2014 年，“蓝狮子”出版中心总编辑王留全从任上离职，于同年创建了自己的互联网出版企业“赞赏”，紧接着他又进行了二次创业，创建了视频新媒体“即刻视频”。

2015 年，《三联生活周刊》副主编苗伟辞去职务，创建了新媒体“拇指英雄”。

2016 年 5 月下旬，澎湃新闻原首席执行官邵兵正式宣布离职，转而投身短视频领域，于同年 10 月创办了自己的视频新媒体“梨视频”。

……

看完了上面讲述的这些案例，相信大家已经能够直观地感受到短视频对新媒体行业乃至整个新闻业的冲击。事实上短视频领域的火爆程度早已超出了预期，向整个新兴经济领域扩展。除了这些“科班出身”的专业人士，一些非科班出身的创业者，也纷纷加入短视频的创作大军中，其中的佼佼者便是孙继海。

2016 年 2 月，孙继海创办了自己的新媒体品牌——“嗨球”。“嗨球”主攻体育领域的短视频社交。在孙继海看来，他希望自己创办的“嗨球”能够成为可供运动员们发声的渠道和强化运动员与粉丝之间联系的纽带，并借此平台培育出成熟的足球文化。目前，孙继海利用电话沟通、微信交流等方式，已经成功邀请了超过 300 名职业运动员入驻“嗨球”。

孙继海作为一名曾经的职业运动员，从其退役前的个人履历中，人们丝毫看不出他和短视频有什么交集。然而现在的孙继海，却以“嗨球”创始人兼董事长的身份真真切切地走进了短视频领域。短视频巨大的发展前景由此可见一斑。

值得注意的是，在今日的新媒体领域为人所津津乐道的“网络红人”，也大多得益于短视频文化的兴起。号称国内“第一网红”的 papi 酱，在财经界有巨大影响力的吴晓波，成功将知识打造成视频的罗振宇等，都是通过优质、专业的短视频才在各类新媒体上获取了大量粉丝。

科班出身的行业高手也好，半路出家的创业小白也罢，短视频正以无可争辩的热度吸引大量的有识之士投身其中。相信以上列举的这些人绝不是从事短视频创业的全部成员，未来还会有更多的人成为短视频创业大军中的精英。

其次，巨额资本的投入。短视频的崛起不仅吸引了大量人才的涌入，也获得了资本的青睐。在资本方看来，短视频毫无疑问是“离钱最近的新媒体”。既然能为自己带来可观的回报，那么大规模的投入自然就是值得的。于是，在其他新经济形态中多次出现的融资盛宴，在短视频领域再次上演。

2016 年 3 月，通过短视频成为“网红”的 papi 酱获得了 1200 万元的融资，该笔融资由真格基金、逻辑思维、光源资本和星图资本共同投资。

2016年11月，中国手机视频行业的“独角兽”企业一下科技完成了来自新浪微博、上海广播电视台、微影时代共同参与的5亿美元的第5轮融资。这既是一下科技融资历程中单笔融资金额最多的一次，同时也创造了中国手机视频行业单笔融资金额最多的纪录。

papi酱和一下科技所获得的融资已经足够惊人，接下来的统计数据则更让人瞠目结舌。

根据2016年短视频内容生态报告的统计，仅在2016年一年，有关短视频内容创业的融资已经超过了30笔，包括秒拍在内的12家短视频创作企业在2016年全部完成了融资。而在投资这些短视频的“金主”中，不乏红杉资本、华映资本等著名创投基金的身影，其中真格基金、基石资本两家基金在2016年全年的短视频投资更是超过了3次。

资本方之所以如此钟爱短视频，主要还是因为其在商业模式转化方面具有更为多样的可能性。随着短视频自身的演变，未来还会有更多的资本方参与到这个领域中。

第二节　适合自己的平台是最好的

从目前短视频领域的发展趋势来看，短视频平台可以分为以下几种类型：

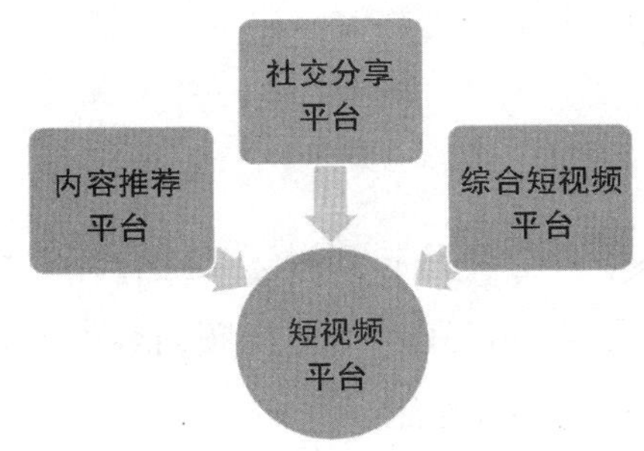

一、内容推荐平台

该类型中具有代表性的当数今日头条、优酷、爱奇艺等新闻和视频资讯类平台。它们的主要作用就是对上传到该平台的短视频内容进行推送，只是充当内容提供者。内容推荐平台的最大特点是平台本身自带大量流量，观众黏性大。

因此，很多短视频栏目都选择在这些平台上发布视频。内容推荐平台虽然有大量的原始流量且观众质量极高，但是有利就有弊，优质的平台对内容的审核要求也是极高的。短视频团队要想在这类平台上投放视频，要经过多个环节的筛选，只有符合条件的短视频才能被推荐到平台上进行播放。

在这类平台上发布内容，短视频团队获得的利益主要来自渠道分成、内容贴片、广告等途径。虽然这类平台能提供给短视频团队丰富的资源和福利，但是无法让短视频团队进入社交圈，也就无法让短视频团队突破平台发展的固定模式，从而完善平台模式，这也是很多短视频原创团队无法在该类平台上建立起自己的品牌效应的原因。

二、社交分享平台

社交分享平台是主要用于日常交流的平台，我们常见的 QQ 空间、微信、新浪微博等都属于这类平台。这类平台主要是供观众娱乐社交、互动的，并非专业的短视频投放平台，但是越来越多的短视频栏目选择在这类平台上发布短视频。其中最大的原因就是这类平台信息传播速度快，覆盖观众范围广。这类平台在观众的日常生活中使用频率高，观众对这类平台的内容关注度高。因此，社交分享平台成为短视频发布的又一渠道。虽然都是内容的提供者，但是和内容推荐平台的区别在于，社交分享平台本身不给短视频内容提供流量推荐。

在大部分的社交分享平台上发布视频内容，主要是依靠观众的转发分享来获得点击量。并且由于这类平台社交性、互动性强的特点，非常有利于短视频形成自己的品牌效应和影响力。最典型的 papi 酱、日食记等的原创短视频，就在新浪微博上获得了大量粉丝，火得“一塌糊涂”。

三、综合短视频平台

以上两种类型的短视频平台主要是起到搬运工的作用。而综合短视频平台，除了有内容传播分享和社交的作用之外，还包括短视频内容的制作。可以说，综合短视频平台集合了以上两种平台类型的多种作用。

这类短视频平台是社交与 PGC（专业生产内容）以及 UGC（观众生产内容）模式相结合的多元化形式，观众在这类平台上既是内容的生产者，也是内容的观看者。常见的综合短视频平台有抖音、快手、美拍等。

在这类平台上不仅可以浏览他人的短视频并进行互动、转发，还可以利用平台上的工具进行简单的视频制作。这种简单的视频制作使得很多观众都十分感兴趣，也使得这类平台每天都有大量的短视频内容产出。

但是，由于综合短视频平台的侧重点都是围绕短视频，单一的内容形式使观众对这类平台的黏性并不高，相比之下观众更依赖于社交平台。除此之外，短视频内容同质化严重也是这类平台所面临的一大问题。

在短视频红利时代，很多相似的平台应运而生，导致综合短视频平台之间竞争激烈。因此，搭建这类平台最关键的任务是提高观众的黏性。短视频创业不是件容易的事情，要想做好并获得长久发展，需要处理好每个阶段的任务。

和做内容相比较，做平台虽然更容易在极短的时间内产生巨大的影响力，但是在竞争如此激烈的环境下，平台未来的发展是不可预测的。

第三节　短视频营销的特点

相较于其他传统营销手段，短视频营销所具备的优势非常明显。

首先，短视频更走心。相较于图文，短视频更能抓住观众的注意力，并让观看者产生代入感。图文是静态的，而短视频是动态的，在画面呈现的同时还会伴随恰当的音乐、语调、剧情、旁白等，迅速融入观众的内心。因此，这对于企业来说是一种完美贴合的广告形式。对于用户而言，短视频这种更为立体全面的视听一体化的形式更能激发他们丰富的情感。其次，短视频具有较强的互动性。无论是双击点赞，还是留言“吐槽”抑或转发、翻拍，互动形式多种多样。这些都极大增强了营销与被营销之间的互动性，也让人们更乐于接受。再次，短视频的营销渠道多样化。只要一条短视频拍得好，就能在多个平台形成宣传效应。

目前，短视频已经成为一种强大的营销手段。那么，以产品营销为目的的短视频通常需要具备哪些特点呢？

一、较强故事性

和普通广告相比，营销类短视频的时间会长一些，往往需要在短则几十秒多则几分钟的时间内讲述一个较为完整的故事。它并不会直接对某个产品进行推销，而是通过故事让观众了解产品品牌的文化与理念。从某种程度上来说，这是为产品塑造一种品牌形象，让其自身品牌更富有魅力，更立体化。

二、显著时间性

一般情况下，短视频的时长会保持在十分钟之内，和课间休息以及工作间歇的时间相当，几乎占据了人们的碎片时间。但由于此类短视频特有的故事性，会使观众产生想要看完的欲望，这样观众会心甘情愿把时间花在该内容平台上。

当下内容竞争的核心不是竞争用户的数量，而是竞争获取用户的时长。一个可以完美占据用户碎片时间的短视频广告，自然可以获得更大的流量。

三、较高接受度

传统的视频广告在网络上传播的时候，通常被放在视频播放之前，很多观众会选择购买会员跳过它，因此这类视频广告所能起到的宣传效果非常有限。然而短视频则更多地出现在内容平台上，用户需要做的是自发性地去观看，一般不会产生反感情绪，接受度相对而言要高得多。

四、较高讨论度

传统广告里面的内容不外乎对某个产品的推销，人们一般不会花时间去讨论。但像那种讲述了某个故事的短视频广告就不同了，一般都会引起人们广泛的讨论。

例如，某品牌发布的一条名为“三分钟”的短视频就引起了广大网友对春运这一社会热点的共鸣，同时其选择使用的拍摄工具也引起了众多网友的讨论。

类似这样的讨论自然会为短视频带来热度，进而变成一个热点，那么就会有更多的人去观看这条短视频，从而参与讨论，这样传播的目的也就达到了。这些都是网友自发进行的传播，从头到尾都没有官方的影子，完全不会让人感到不适。

就目前来看，短视频营销相比起传统营销模式具备比较大的优势。那么在未来，我们也可以期待短视频营销领域实现跨越式发展，助力品牌和企业的营销活动。

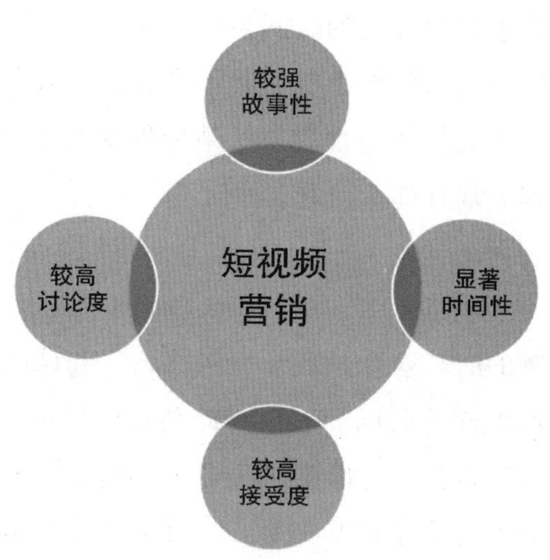

第四节　短视频创业三要素

不可否认，在互联网领域中短视频已经成为内容传播的一种重要方式，甚至成为互联网行业乃至整个创业圈的新风口。伴随着来自行业内部的重视，各类企业纷纷加入短视频的创业大潮中，以期分得一块“蛋糕”。

然而蛋糕虽好，若想得之却不是一件容易的事情。在短视频变现过程中，需要对视觉、流量、转化等三者进行细致把握和完美融合。

视觉对应的是感官上的享受，是短视频自身品质的直观体现。而流量对于短视频来说则是观众在认可其视觉呈现后带来的一种自然而然的副产品。至于转化率，其本质上就是对流量的变现。

一、视觉之于短视频——对外宣传的“敲门砖”

当观众点开第一个短视频，呈现在眼前的首先是短视频的内容，也就是行业内部通常所说的视觉呈现。平台为观众推送短视频时，炫酷而富有美感的视觉呈现，不仅能给观众带来极大的视觉冲击，更能为新媒体平台本身带来良好的效果。可以说，视觉呈现之于短视频，就好比是后者在对外宣传过程中的“敲门砖”。

一方面，从短期来看，优美的画面能够带给观众视觉上的享受，继而使之沉浸其中。这样就能在极短的时间内迅速吸引观众关注，特别是急需“冷启动”的新组建的新媒体，让短视频的画面更有吸引力就好比是战场上的第一仗，首战必胜。另一方面，从长期来看，“画风”独特的视觉呈现，可以使短视频新媒体在观众心中形成特有的印象，这样不仅能够增强观众对新媒体的黏性，还有利于塑造新媒体的品牌个性。

作为新媒体在运营短视频业务中的第一步，运营人员在对视觉呈现进行优化时，必须把握好短视频视觉呈现的两个特点。

1. 简

“简”是指环境简单，短视频不同于电影，既不需要纷繁复杂的情节，也不需要华丽壮阔的场景，所以在拍摄背景方面，应当从简。但是简单并不意味着简陋，为了呈现出良好的视觉效果，运营者应当把环境布置得富有质感。

2. 快

“快”是指情节进展节奏快，观看短视频的观众一般都比较缺乏耐心，但又希望在较短的时间内了解一个故事或一种知识。轻快的画面呈现无疑能够迎合观众的这种需求，同时快速切换的画面本身也能带给观众目不暇接、意犹未尽的感觉。

为了让短视顿的视觉呈现更富有吸引力，同时也为了让短视频具备“简”和“快”这两个特点，短视频新媒体既要通过各种技术手段把短视频的画面做出精致的感觉，增强画面质感，又要将现实场景和虚拟动画场景结合起来，使视觉呈现效果更生动。

二、流量之于短视频——促进自身发展的能量来源

互联网行业一直强调“流量为王”，这点对于短视频新媒体来说同样重要。一方面，充沛的观众流量意味着关注或了解短视频新媒体的观众较多，这可以直接提升短视频新媒体的知名度和影响力。另一方面，足够多的流量也是短视频新媒体进行广告投送、搭配不当、企业并购，乃至与其他新媒体同行竞争的物质基础。

无论是从增加名气这个“务虚”的角度，还是实现变现这个“务实”的角度，流量之于短视频，毫无疑问是短视频新媒体促进自身发展的能量来源。而这种关键作用，也就注定了任何一家短视频新媒体都必须将通过发布短视频为自己带来流量当成一项基本功。

然而，正如罗振宇在某场演讲上所说的那样，中国国民的总时间到了今天，已经达到了饱和，从今往后很难再有新增的流量了。当今短视频创业领域的实际情况，也印证了这个悲观的说法：短视频领域的流量开始越来越多地向头部聚集，内容深度化、专业化的新媒体得到了观众更多的偏爱。面对严峻的形势，短视频新媒体必须采取更有针对性的措施，以争取有限的流量。

从当前的形势来看，要想稳定地获取流量，短视频新媒体的从业人员至少要做到以下两点。

1. 为短视频拟一个富有吸引力的标题

正所谓“每个人都是充满好奇的宝宝”，每个人的内心深处都有猎奇心理，当短视频的标题具备了神秘感时，观众自然会出于好奇心一探究竟，这时流量便产生了。

2. 拓宽短视频的题材选择范围

纵观当前的短视频领域，以情景喜剧为主的泛娱乐内容无疑占据了绝大部分，然而总是在短视频里表演段子难免会让人感到乏味。同时，人们对和自己生活息息相关的美食、健身等题材还是存在一定需求的，所以相关短视频新媒体运营者如果能够让

自己的短视频涉及面更广一些，就可以获得更可观的流量。

三、转化之于短视频——将关注变成盈利

根据专业机构的统计，早在网页端互联网时代，有视频的网络媒体的流量转化率往往要比没有视频的网络媒体高出两倍还要多。而到了今日这个资讯异常发达、信息极度过剩的移动端互联网时代，短视频更是成了各类新媒体获得流量转化的标配手段。在此背景下，短视频新媒体运营者应当时刻思考的不应是是否进行转化，而应是怎样加快转化。

和传统的电视媒体、纸质媒体一样，在互联网世界炙手可热的新媒体从本质上来说，依然是企业。既然是企业，那就必须考虑盈利。作为新媒体核心产品的短视频，更应该起到提升转化率的作用。事实上，短视频存在的最终意义，就是充分地呈现信息，建立和观众之间的黏性，继而刺激变现。

作为互联网行业公认的"离钱最近的媒介形式"，短视频在流量转化、内容变现方面具有不可比拟的优势。一方面，和传统的图片、文字等媒介相比，短视频可以凭借更低的成本和更广维度的观众建立连接；另一方面，和网络中的另一个媒介——直播相比，短视频占用观众的时间较短、重复率更低、灵活性更高，备受有推广需求的企业的青睐。

短视频领域的火爆，从侧面反映出移动互联网从早期的工具属性转变为平台属性的趋势，这个转变过程正好为多样化的变现模式创造了产生和发展的条件，而新的变现模式也在一步步影响传统变现模式的升级换代。从短视频领域目前所处的发展阶段来看，短视频领域还没有形成一套成熟稳定的流量转化体系，不过这并不影响短视频领域的"领头羊"企业对商业变现道路的探索。在这方面，一条、二更两家短视频新媒体可以说是率先垂范的典型代表。

2016年8月，一条旗下的"一条的生活馆"正式上线。"一条的生活馆"本质上是个购物平台，通过这个平台，观众可以购买各种商品。无论是日用百货还是家具，无论是电子产品还是护肤用品，甚至是线下的培训课程和旅游产品，都能在一条的专属卖场上找到。实际上，一条已经和线下的500多家供应商达成了合作。

一条通过搭建电商平台进行流量变现，可以说是当今短视频领域最直接、最常见的变现方法。与纯粹的电商不同的是，依托生活美学性短视频建立起来的一条生活馆，更像是一种兴趣电商。

和一条简单的另建电商平台不同，二更在流量变现方面，走的是和短视频内容制

作息息相关的商业定制广告之路。在广告定制业务领域，二更已经完成了对 CK、太平鸟两家时尚企业的商业定制广告制作播放任务。通过和这些知名品牌的营销合作，二更不但获得了可观的收益，而且自身的品牌知名度也得到了提高。

二更为知名企业定制广告，既赚到了钱，又赚到了名，真可谓名利双收。事实上，不管是兴趣电商模式，还是广告定制模式，对于短视频新媒体来说，都是从短视频运营视频的角度切入，通过高品质的内容获得观众和流量后，再将其进行变现的标准商业化方式。只要能够高效率地转化，那么任何方式都值得一试。

对于短视频新媒体来说，短视频带给观众的，首先是视觉上的震撼，在此基础上观众开始为本平台提供流量，伴随着这个过程，观众的身份从初始观众到核心观众的转化便得以实现，这便是视觉、流量、转化这三个要素完美融合的具体体现。视觉、流量、转化三者并不是完全孤立的，而是互相促进，互相影响的。我们身处的商业环境正在变得越来越年轻，对从短视频生产一直到最终转化为收益的商业模式的探索也应该与时俱进，时刻创新。

第二章　好作品源于好策划

无论是新媒体运营还是商业运作，策划都起着至关重要的作用。短视频策划是为了更深层次地诠释内容，将作品的中心思想表达清楚，实现资源的优化配置。策划水平的高低直接关乎后期各种活动是否能够顺利推进，因此好的作品源于好的策划。

第一节　短视频素材的安排

拥有自己的素材库对每个运营者来说是非常必要的。但是仅有素材还不够，还需要会选择素材，安排好每次短视频拍摄需要的素材。根据短视频内容来进行素材的安排选取。在拍摄短视频时，对主题内容先进行一个大概的规划。

所谓大纲就是指短视频策划过程中的工作文案，因此写作大纲一定要注意把握两点要素：一点是要呈现出短视频要素，包括主题、情节、人物、结构等，另一点是要能清晰地看到短视频所要传达的信息。

只有制订了合格的大纲，才能为短视频安排相应的素材，从而丰富短视频内容。素材是短视频最重要的部分，如果视频素材选择合理，只要视频标题不是太烂，那么短视频播放量也就不会太差。相反，如果素材安排不恰当，即使标题再好，播放量也不会高到哪里去，因此要按照大纲的几点基本要素安排素材。

一、主题

大纲中必不可少的一个基本要素就是主题，所谓主题就是短视频所要表达的中心思想，简单说就是你想要传递给观众什么信息。主题是最容易被忽略的，但却是决定短视频质量的关键。

每个短视频都有一个主题，而素材就是主题的支柱。素材有了支撑点作为依靠，才能支撑起主题，才能使短视频更有说服力。因此，就像我们常说的“量体裁衣”，在安排素材时一定要紧扣视频主题。

即刻视频在制作“真味法国系列”短视频时，为了让画面更纯正，突出“法国”这个主题，采取与法国团队合作拍摄的形式。整体短视频拍摄背景都是法国的都市街景，在背景音乐素材的选择上也以法国情调的音乐为主。视频以法式风格为主，包括视频中出现的文字素材也都是用法语的形式体现出来。

除了“真味法国系列”，即刻视频每拍摄一个系列的视频，都会结合相关主题，选择相关的拍摄素材，连画面背景音乐都紧紧围绕主题。

如果说大纲的中心思想是“体”，那么要选择的素材一定是要和主题有着密切的关系且合适的。素材的选择不在于多少，而在于是否能真正地表达短视频内容的主要思想，使主题更加鲜明。

主题是短视频的中心思想也是创作者的拍摄意图，即使是相同的物体、相同的事件、相同的景色，由于创作者的拍摄意图不相同，那么素材的安排选择也就大相径庭。因此，在为短视频安排素材时，一定要符合主题表达的内容，明确短视频的风格，要毫不犹豫地剔除与主题没有直接关系的素材。

二、故事情节

大纲中的故事情节包含了两部分，一部分是故事，和我们写文章经常会提到的六要素一样，时间、地点、人物、起因、经过、结果。另一部分就是情节，是指短视频中人物所经历的波折。

故事情节是短视频拍摄的主要部分，而素材的收集也是为这部分而准备的，拍摄需要什么样的道具，视频中人物需要什么样的造型，什么样的背景，什么样的风格，什么样的音乐，都是视故事情节而定的。

通过设定主题，可以有初步的拍摄思路，筛选出适合的素材，而对故事情节的了解，有助于更加精确地挑选出合适的素材，并且能在现有素材的基础上进行创新。

只有弄清楚故事情节的发展，才能运用各种各样的素材内容来丰富视频。除了在拍摄时要根据故事情节选择素材，在后期剪辑时，剪辑师也需要弄清楚故事的整体脉络，才能知道哪些素材剪辑到一起更合适。

三、短视频题材

短视频大纲内容还包括对视频题材的阐述，不同题材的作品有不同的创作方法和表现。短视频的产生时间虽说不长，但是早就山头林立了，各种题材应有尽有。而我们常见的就有：幽默类、生活技巧类、数码类、美食类等。

不同类型题材所对应的素材各不相同，这里以数码类的短视频为例。数码类产品本身具有复杂性，且更新速度较快，虽然能够给我们带来源源不断的各种素材，能够吸引观众的持续关注，但是在这类视频拍摄时，一定要注意对素材的时效性进行严格的把控。这就需要获得第一手的素材，快速处理、制作然后进行传播。数码类的短视频，早一秒播出带来的价值是极高的。因此，在安排素材时一定要紧贴视频题材，根据题材的特点来搜集素材。

在短视频策划初期，大纲所传递出来的信息是至关重要的，大纲的内容大致为拍摄建立了一个框架结构，无论是后期拍摄还是安排素材，都和大纲有着千丝万缕的联系。按照大纲的方向一步一步进行才能保证短视频拍摄的质量。

第二节　在脚本与剧本中取舍

脚本和剧本是短视频策划中存在的两种截然不同的表现方法，虽然表现出的内容存在差异，但是很显然它们都是为了服务视频剧情而存在的。脚本侧重于表现故事脉络的整体方向，相当于主线。

与脚本不同的是，剧本呈现出的内容更加详细，除了包括视频内容的整体脉络，还加入了各种细节因素，甚至包括短视频内容发生的时间、地点、人物动作等细节。

在策划短视频时，对脚本和剧本的选择也是非常重要的，要根据实际情况来做考虑。短视频最大的特点就在于短，将主题浓缩在小部分时间里，既保证主题明亮又保证内容精简。因此在短视频策划时，大多创作者都会选择脚本进行最初的规划。

脚本可分为拍摄提纲、分镜头脚本和文字脚本三种类型，每种类型所使用的短视频类型也各有不同。

一、拍摄提纲

拍摄提纲相当于为短视频搭建出一个基本框架，在短视频拍摄之前，需要将拍摄的内容整理出来，类似于提炼出文章的主旨。选择拍摄提纲这类的脚本，大多是因为拍摄内容存在着不确定因素。摄影师提前做好大致方向，在拍摄的过程中可以根据实际做灵活处理，因此这种类型的脚本更适用于纪录片或故事片的拍摄。

拍摄提纲对脚本内容没有刻意的限制，摄影师允许在现场自由发挥。但是，对短视频后期的修改指导却是有限的。因此在选择脚本类型时，要考虑到我们拍摄短视频的方向和内容，是否存在诸多的不确定因素。

只要不存在这方面因素，就最好不要选择该类型。否则，会给后期制作、修改带来麻烦。

二、分镜头脚本

（出场人物：林默吴晓蒙）校园里的街道，傍晚

镜号	画面内容	景别	镜头	解说词	音乐	备注	时长
1	傍晚时分林默独自一人抱着很多书走在校园的道路上	全景	运动		轻快	运动镜头跟拍主角林默正面	
2	林默低着头走路	中景	固定				
3	林默走路的脚	特写	运动			跟拍林默视角中在走路的脚	
4	朝林默迎面走来了一个女学生，女学生哼着歌	近景	固定			林默背面拍摄迎面走来的女学生	
5	林默低着头走路没看到迎面而来的女学生，二人相撞	中景	固定			从林默的右侧女学生的左侧拍摄二人相撞	
6	林默被撞到时惊讶的表情	特写	固定			正面拍摄	

在脚本的三大类型中，分镜头脚本是最细致的。每个分镜头脚本的写作会将视频中的每一个画面都体现出来，包括对镜头的要求也会一一写出来。分镜头脚本创作起来是最耗费时间和精力的，也是最复杂的。

而“快餐时代”，人们越来越重视时间消耗和效率，短视频正好具有满足人们这种心理的潜质，内容精简、信息量大、主旨鲜明、生动形象。因此对于一般的短视频而言，拍摄内容不会很复杂，因此选择分镜头脚本进行策划的比较少。

分镜头脚本对视频的画面要求很高，更适合一些类似于微电影的短视频使用，这种类型的短视频由于故事性强，对视频更新周期没有严格限制，创作者有大量的时间和精力去策划，因此完全可以使用分镜头脚本，既能保证严格的拍摄要求，又能提高拍摄画面的质量。

三、文字脚本

文字脚本是在拍摄提纲的基础上增添一些细节内容，进一步丰富完善脚本。文字脚本和上面两种脚本类型相比，更加灵活，它会将拍摄中的可控制因素罗列出来，而将不可控因素放在现场拍摄中随机应变。因此在时间和效率上都大大提高，很适合一些不存在剧情直接是画面和表演的短视频。

例如，罐头视频就是运用这种脚本方式，罐头视频属于生活类的短视频，每期视频会向观众展示一种生活小技巧。视频内容直接就是画面和手动操作的过程，不存在

剧情表演。因此在拍摄时重点更加倾向对镜头的控制和要求，这也是文字脚本的一大特点。

三种脚本分类分别适用于不同类型的短视频，但并没有具体地划分哪些短视频适合哪种类型的脚本。短视频策划时脚本追求的是内容尽可能丰富完整，化繁为简。因此很多人在策划短视频时并非严格按照每个类型的脚本要求进行写作，而是选择介于脚本和剧本之间的一种新的改良方式，我们都知道脚本更倾向对画面的设计，剧本更加偏重对情节的把握。短视频形式多样，单纯的脚本形式或剧本满足不了创作，因此需要二者相互结合。

《陈翔六点半》以幽默情节短剧为定位，一度在互联网短视频中崛起，数次跃居头条短视频营销力排行榜的榜首。他们的成功离不开团队策划、合作。

就拿《陈翔六点半》团队来说，他们策划中使用的脚本形式就是介于脚本和剧本之间的一种新形式，《陈翔六点半》的每个短视频都包含了场景表演，涉及人物对话、动作、旁白等，因此常规的脚本形式不能满足需求。

除此之外，在后期的修改制作时，还会将剧中人物的声音进行特殊处理，这也是脚本中所涉及的内容。类似《陈翔六点半》一类的短视频，由于包含情境表演的内容，因此在创作脚本时更加注重对人物的刻画。而对人物的设计就属于剧本的范畴了。

对于一些剧情表演和技能表现结合的短视频，选择这种介于脚本和剧本中间的改良方式，不但能满足对画面的设计，加上对话还能体现视频的故事情节。

在脚本和剧本中取舍，不应该过于刻板，要结合短视频的特点，对脚本做出一些创新和改良。不要局限于脚本的条条框框。将视频创意的拍摄细节、思路、人物对话、场景等内容丰富到视频脚本中，将一切需要的内容留下，那些不可控的，没有用处的内容全部去除掉。这样不但节省时间和精力，而且还能让短视频获得更好的效果。

总而言之，对于短视频脚本，在保证精简的同时还要力求内容的丰富流畅。根据每次拍摄视频的特性，选择适合的脚本类型。

第三节　镜头流动——引领观众营造影响

镜头的移动牵扯到视频中空间、时间的变化，而观众在观看视频时所感受到的时间变化与节奏变化，都是因为镜头流动而产生的。短视频是以镜头为最基本的语言单位，而流动性就是镜头主要的特性之一。

镜头的流动性除了表现在拍摄物体的运动之外，还表现在摄像机镜头的运动。每个事件都有其事态发展的过程，而短视频就是通过镜头流动，将一切事件的发展过程如实、流畅地表现在屏幕上，使其视觉表现力增强。通过镜头流动可以使画面更加充满魅力，给观众营造出独特的意境。

一、镜头角度

镜头角度的选择，也是镜头流动性包含的一方面。镜头的角度对短视频画面呈现的效果尤其重要，角度可以是正面、侧面和背面。不同角度的拍摄，镜头带来的作用也会有所不同。而短视频运营者选择的拍摄角度通常也代表着对视频内容的看法。

1. 鸟瞰式

鸟瞰角度就是直接从被拍摄物的正上方拍摄，属于高角度的镜头拍摄。鸟瞰式的镜头角度会给观众一种全知的视角，营造出震撼宏伟的感觉。

二更视频出品的名为“一个人的美食：重味道的暗黑料理”的短视频纪录片，主要介绍如何将三种奇臭的食材结合形成一道新料理。片头部分就运用了鸟瞰式镜头。视频开头主人公自述为了寻找美食不会在乎花费的时间和精力，跋山涉水也要找到。此时画面就选择鸟瞰式镜头，周围的自然环境占据画面大部分，而主人公的身影就显得极其渺小，会让观众觉得目的地很偏僻，路途很遥远，让观众有一种置身于其中的感觉。

用这种类型的角度拍摄，是为了突出环境而减少角色的重要性，从侧面刻画角色的卑微、害怕。

2. 仰角式

和鸟瞰式角度相反，仰角镜头会增加短视频中被拍摄物的高度，也更加容易突出主角的重要性。在很多短视频中，仰角拍摄多用于对人物形象的刻摹，仰视的角度通常会让观众产生恐惧、尊敬、庄严并带有威胁性的感觉。

同样还是运用二更的例子——“这女人真会演”，短视频的主人公是被我国香港地区的媒体称为“舞台剧女王”的焦媛。视频为了称颂她执着奉献于舞台剧的事迹，多次运用了仰角式镜头，从视觉上突出了人物形象的高大威严，让观众对她产生由衷的敬佩之情。

仰视角度都带有垂直感，让被拍摄物从观众面前开始推进，使观众站在主角的视角，引导观众在心理上产生同样的感觉。此类型的镜头角度是很常见的，而这个角度的拍摄大多是为了强调英雄主义。

3. 水平式

水平式的拍摄角度是很多短视频都在运用的，这种镜头角度拍摄出的视觉效果和观众平时生活中观察事物相似，观众看到的人或物不容易变形。选择水平镜头角度，大多会让观众感到公平、公正、冷静、客观。

短视频会选择这类角度，而不选择带有主观意识的镜头，大多是为了向观众传递自己的价值观，不对视频中的事物展开价值判断，和剧中主体保持平等对待的状态。

运营者不通过镜头角度传递自己的价值观，只是为了引导观众自己做出判断。水平式的角度更加有利于客观、全面地表现出视频中人物的真实面目。

4. 倾斜式

倾斜镜头是比较特别的一种拍摄角度，这样的拍摄会让视频中的人看起来快要摔倒了。这种角度的镜头拍摄是最不常用的，因为倾斜式镜头角度拍出来的画面，会给观众心理上带来压迫、焦虑的感觉。倾斜式的角度比较适用于一些暴力的情境，会成功地引起关注，带给观众焦躁不安的感觉。

除了以上四种基本的镜头角度外，还有很多处于以上两种角度中间的。镜头角度的略微变化，可能要表达、渲染的情绪就会变化，虽然是同样的人或事，但给观众带来的感觉和要向观众传递的信息就会有所不同。

二、镜头流动速度

对于很多拍摄短视频的摄影机而言，本身就可以制造出一些特定的效果。镜头流动速度可以让短视频更加有节奏感。假设镜头快速地从一个事件移开，观众在不知道剧情的情况下就会产生极大的好奇心，想知道到底发生了什么事。

很多短视频拍摄中，为了增加视频的悬疑效果，给观众展示一些没有预期的东西，摄像师就会放慢镜头流动的速度，刻意延缓从而满足观众的期待。若想给观众呈现出不同的视觉效果和气氛营造，可以通过镜头流动速度来控制。

在叙事性的短视频中，镜头的流动速度都是根据情节的需要进行调整的。镜头流动快速向前可以更突出某一关键人物，而镜头缓慢后行，将整个场景中的人或事物置于同一个画面，有利于突出某些关键重要的信息。

总而言之，镜头流动速度会使短视频更具有表现力，如犹豫悬疑式镜头、宏伟壮观式镜头等。镜头流动速度能明显控制观众对视频的感受，能轻易地将观众引导到视频中的特定情境中，给观众带来不同的观看感受。

三、镜头切换

短视频拍摄时，我们需要将所有的拍摄素材进行串接形成完整的片子，这就会出现我们经常看到的画面切换的效果。过多的镜头切换会打扰到沉浸于视频中的观众，不但会让观众对某一段时空的信息产生空白，而且会增加眩晕感。

镜头相当于一门语言，视频中的人物特点、表情变化、情绪波动等，都可以通过镜头表现出来。因此，在切换画面的选择上，尽量选择视频中的转折部分作为前后的衔接点，从而保持视频内容的流畅性。

在做镜头切换之前，一定要考虑视频前后的逻辑性，合理过渡才能引导观众按照拍摄的思路去观看视频。

四、镜头焦距

焦距在短视频中起到润物细无声的作用，每一个画面的焦距使用都是为了视频能更好地呈现出来。焦距正常的镜头如同人的眼睛一般，是最常用到的镜头。而除了标准镜头，很多短视频拍摄也会运用到其他类型的镜头。

长焦镜头会压缩事物之间的距离，适合引导观众进入到一种紧张的情节中，使画面更加逼真。和长焦镜头对应的是短焦镜头，短焦镜头的视觉效果和长焦相反，镜头离画面主体很近，比较适合运用在情感表达的画面上，这样才能让观众感同身受。

而介于以上两种镜头中间的还有中焦镜头，这种镜头的使用不但可以让观众的视觉更放松、舒适，而且使用起来更灵活些，可以根据环境的不同自由选择。

焦距是短视频拍摄过程中重要的元素，选择不同焦距的镜头，在很大程度上会影响整个短视频画面的构成和达到的视觉效果。

镜头流动带给观众的是不同视觉效果的画面。要想策划好并拍好短视频，镜头流动是必须考虑到的一个问题。我们要清楚地知道如何运用不同的镜头焦距、角度、流动速度、切换去打造出一个有意义并符合预期的短视频。

镜头就像一种语言艺术，要尽可能地通过镜头的表现力去替换旁白字幕的使用。

第四节　背景音乐——渲染气氛

为短视频搭配背景音乐是件令人头疼的事情，因为不存在固定的公式模式，所以大多时候只能凭借主观意识去选择音乐。不同人偏好的音乐风格大有不同，因此短视频成片后的效果也是完全不同的，说到底给短视频搭配背景音乐就是一件仁者见仁，智者见智的事情。

合适的背景音乐不但能增强短视频画面传递的感情，还能让视频更有代入感，调动观众情绪，满足观众视觉与听觉上的享受需求。

当然要选择和视频成片匹配的背景音乐，还需要短视频运营者掌握足够丰富的音乐素材，然后才能挑选出符合成片风格的音乐。虽然挑选背景音乐很大程度上是根据个人主观情绪来选择，但是其中存在的门路技巧还是有章可循的。

一、音乐节奏感

短视频的播放节奏和内容上的情绪大多是通过背景音乐带动起来的，不同于普通的叙事类视频，短视频的画面更有冲击力。而这种冲击力的表现，主要是源于背景音乐和短视频画面节奏的相互匹配。一段音乐都有不同层次的转换，而这个时候也正是短视频层次转换的时候。在后期对短视频剪辑时，画面的切换要跟着音乐的节拍去剪辑，这样才能让画面更带感。既能保证背景音乐与短视频内容相互呼应，又能强化音乐感，让画面和背景音乐毫无违和感。

精彩的短视频都是张弛有度的，因此，对背景音乐整体节奏的把握也应该是有高有低、有缓有急的。快节奏的背景音乐配合着短视频画面，切换得快一些，才能让画面看起来是随着音乐进行舞动的。

二、音乐类型的选择

上一点中我们提到了音乐的节奏要和短视频的画面互相匹配，但是在音乐类型的选择上也不要一味地追求节奏和所谓的“感觉”，而忽略了音乐对视频内容造成的隐性干扰。短视频中添加背景音乐，只是为了在视觉的基础上让观众的听觉也动起来。通过两者的结合，让视频中的剧情更加震撼。

三、内容表达一致

很多音乐的歌词内容和短视频之间并不存在关联，甚至音乐中所要表达的内容和视频的主旨思想相悖，这样的背景音乐反而会给短视频带来一定的负面影响。在选择背景音乐的时候，一定要清楚音乐所表达的内容。

而对于没有歌词的音乐，尽量选择风格和短视频贴近的作品。背景音乐的选择关系到主观情绪问题，短视频拍摄要考虑到情绪设置的对象，是视频中的人或者是一个画面，然后再根据特定对象的情绪来选择背景音乐。

四、丰富的素材库

短视频运营者需要有丰富的音乐素材库，但是对于资金充足的团队来说，请专业人士为短视频“量身定做”背景音乐是再好不过的选择。而对于很大一部分缺乏资金的团队来说，使用现有的音乐才是最佳的选择方案。

要想让背景音乐和短视频完美结合，需要有丰富的素材资源。总体而言，为短视频添加背景音乐是一个由难到易的过程，只有运营者多听、多积累，才能培养出一定的乐感。

第三章　吸睛标题：勾起观众的“点开欲”

阅读文案时，人们最先看到的就是标题，标题精彩与否，决定着读者对文案的第一印象，所以标题写作是文案工作中最重要的部分，也是文案创意的精华。

第一节 打动人心的标题

在一篇文案中，标题占据着最醒目的位置，读者总是先看到标题，再看到正文。标题的优秀与否，往往能够决定一篇文案的“生死”。正如美国著名文案大师约翰·卡普斯所说：“标题写得好，几乎就是广告成功的保证。相反，就算是最厉害的文案写手，也救不了一则标题太弱的广告。”

标题的质量，决定文案的“生死”。人们在阅读文案的时候，总是先被标题所吸引，然后才会愿意继续读下去。据相关数据来看，10 个人中至少有 8 个人会先读标题，只有 2 个人会跳过标题，直接阅读正文。

尽管读者尚未阅读文案的正文，但是通过对标题的快速阅读，他们已经对整篇文案产生了第一印象。读者的第一印象，也就是他们看到的第一个影像、读到的第一句话，或听到的第一个声音，可能就是决定这则广告成功或失败的关键。

一个好的标题，可以在几秒钟内为文案定下基调，并且引发读者的阅读兴趣。留给一段文案的时间只有 1—3 秒钟。不要奢望他们有耐心去仔细阅读你的长篇大论，你唯一的机会就是写个好标题，让读者愿意继续读下去。

无论你的文案内文多有说服力，或者产品有多杰出，如果无法吸引消费者的注意力，广告就无法成功。大部分的广告专家会同意，能够赢得注意力的标题才是广告成功的关键要素。建议你准备个资料夹用来搜集一些精选范例，以便你在构思自己的营销素材时用作参考。假如你一时想不出广告标题该怎么写，这些范例会是最有帮助的灵感来源。

要想吸引读者，首先，要注意语言的通俗易懂，失败文案的共同特征是不好好说话。很多文案新手总想写出惊世骇俗、超逸绝伦的标题，所以在选择用词的时候，总是挑选些生僻的词语，甚至造词。但是写出来以后效果并不好，过于生僻的字词和语句会给人造成距离感，加大了理解的难度。其次，标题应当言之有物，向读者传递信息，不能含义不明。一篇文案要想发挥作用，就必须具备可传播性，让读者主动分享，进行二次、三次传播。

例如，美妆产品的广告文案：

年纪大了就健忘，那就干脆忘了年纪。

寥寥数语，将女人对年轻、漂亮的追求展现得淋漓尽致，那是一种永无止境的心理。无疑，这则广告打动了无数女人的心。

诞生于1996年的农夫山泉，是著名瓶装水创业的品牌。根据2019年中国瓶装水品牌力指数调查结果显示，农夫山泉以568.8的品牌力位居榜首，这一结果自然离不开它教科书般的广告策略。

第一，农夫山泉有点甜

1998年，农夫山泉正式将“农夫山泉有点甜”作为主广告语，并在央视投放了一支30秒的TVC（商业电视广告）：课堂上，老师正在黑板上写字。讲台下，一名学生时不时推拉农夫山泉的瓶盖。老师十分生气，警告学生上课时不要发出这种声音。下课后，老师和同学边喝农夫山泉边称赞：“有点甜。”靠着大规模广告“轰炸”，就这样，农夫山泉迅速在全国打响了知名度。

“有点甜”这三个字似乎让人隔空感受到了它的天然甘甜，调动了人们的尝试欲望。同时，它朗朗上口，读上一遍就能印象深刻。

第二，我们不生产水，我们是大自然的搬运工

2000年，农夫山泉宣布不再生产纯净水，只生产天然水。因为随着人们保健意识的提高，已经逐步意识到纯净水虽然干净卫生，却没有营养；而天然水则不同，源于大自然，营养成分完全保留。

为了塑造“天然健康水”的认知，传递优质水源带来的健康差异，2008年，农夫山泉把自己定位成“大自然的搬运工”，喊出了那句响亮的口号：“我们不生产水，我们是大自然的搬运工。”就这样，农夫山泉平安度过了食品安全问题频发时期，“大自然的搬运工”的定位深入人心。

第三，农夫山泉提示您，非会员也可关闭广告

在2016年前后，农夫山泉以纪录片的方式，陆续拍摄了《一个你从来不知道的故事》《一个人的岛》《最后一公里》等短片，真实还原了农夫山泉的水源、工厂和朴实敬业的员工。

但是这些广告片时长都在2分钟以上，当时农夫山泉面临的一个传播难题是：如何让消费者耐心看完广告。由于当时农夫山泉的广告主投网络媒体，所以选择效仿国外的广告模式，成为国内首个推出5秒关闭广告的品牌主。

当时国内主流视频网站看视频，非会员需要先看长达60秒至90秒的广告。而农

夫山泉广告，只需要看5秒，可让人意想不到的是，这则广告真的有70%用户完整观看，并称赞它“暖心”。此外，各大网络平台的传播和讨论，无疑加深了消费者对农夫山泉的好感。

第四，什么样的水源，孕育什么样的生命

2018年，农夫山泉上线了一支与以往截然不同的纪录片，这部纪录片的主角从员工变成了长白山水源地的生灵万物：长白山冬季篇和长白山春夏秋篇，这两则广告的背后呈现的是同样的洞察：“什么样的水源，孕育什么样的生命。”

简单直白的一句文案，却精准概括出了农夫山泉水源的品质。

第五，农夫果园，喝前摇一摇

农夫果园是农夫山泉旗下的果汁饮料品牌，同样，它也有句传播度非常广的广告语：“农夫果园，喝前摇一摇。”很多果饮品牌包装上都有同样的小字标明：如有沉淀，为果肉沉淀，请摇匀后放心饮用。而农夫果园却直接把“果肉沉淀”当卖点，不仅打消了消费者对沉淀物的顾虑，还让他们相信农夫果园的果蔬汁真材实料。

谈及农夫山泉的广告策略时，农夫山泉创始人钟睒睒说过一番话：“广告是怎么来的？广告本身是长期对产品的一种思考。广告不是想出来的，想是想不出广告来的，必须从制造产品前就已经有了你的观念，你才能创造出一个好的广告。这就是为什么农夫山泉的产品和广告都是连在一起的，从产品开始以前基因已经在那里了，产品的生命已经在血液当中，这就是这个公司的文化。”

的确，当下很多广告以夸大的宣传进行营销，但结果并不尽如人意，原因很简单，再好的广告都无法拯救糟糕的产品，糟糕的广告也毁灭不了优秀的品牌。只有建立在好的产品基因之上的广告才能起到锦上添花的作用。

第二节 文案标题类型

在各类文案创作中，标题的类型技巧已经被文案创作者们讨论过无数次，并实际应用于文案创作中。每一个文案创作者都希望避免公式化风格，尽可能发挥原创性，开创全新的表现方式。在此，笔者针对常见的标题类型，筛选出几种有实用价值和借鉴价值的模式进行分析。

一、悬念式标题：加深阅读效果

在文案写作上，最好的效果当然是写出有趣又有料的内容，让读者瞬间被吸引。但是这种境界实在太难达到了，它要求人们具有极高的写作能力，对文字的把控力和对故事的驾驭力都要达到驾轻就熟的地步，即便是大卫·奥格威、乔治路易斯等广告大师们，恐怕也不敢说自己能达到这种境界。而悬念式标题可以很好地解决这个问题，使用悬念式标题，可以极大地提升文案的可读性。

例如，针对以下几个文案标题，选出你最想读的文章：

两年新增 40 家店，雷克萨斯混动为何还“一车难求”？苏州电子城元旦庆典。

古代化妆品中的，你都知道多少？

“妈妈，我去天堂了，这里太累了！”震惊全国父母。

打败可口可乐、农夫山泉，一年卖出 100 亿瓶，又一饮料巨头诞生！

看到这几个广告，不同的人会选择点开不同的文章。悬念式标题，就是通过在标题中布下悬念，或者做个铺垫，在读者心中埋下疑问，引起人们的好奇心，促使读者有足够的耐心阅读正文。悬念式标题就是要为读者提供一个继续读下去的理由，当你的这个理由足够充分，并且不为读者提前做出任何判断的时候，你的标题就具备了让读者感兴趣并愿意探究问题真相的能力。

悬念式标题在生活中十分常见，因为它的效果非常明显，也很受人们的欢迎。在观看和浏览电视节目、自媒体文章时，我们经常能够看到悬念式标题。

例如，利益诱惑型的标题：一个微商小白月收入过 10 万的秘诀。

自曝秘诀型的标题：一个人成功给娃调整吃饭习惯，我是这样做的……

非常规对比型的标题：雅芳比女人更了解女人。

前后矛盾型的标题：赶时间的人，总是没时间。

二、警告式标题：把丑话说在前头

警告式标题的作用，可以用消费心理学中的“损失厌恶”效应来解释。“损失厌恶”是指“人们面对同样数量的收益和损失时，会认为损失更加令他们难以忍受”。说得通俗一点，就是“相比于得到，失去给人带来的情绪更激烈”。下面我们举两个例子。

第一个场景：信用卡给你转了 100 元刷卡金，你很开心，带着女朋友美美地吃了一顿石锅拌饭。或许你还会感到幸运，但也仅此而已了，过不了几天，你就会忘记这件事。

第二个场景：你着急坐公交车，还没上车就发现公交卡落在了买早餐的地方。下班之后，店主告诉你没有捡到公交卡，那张卡你刚刚充值 100 元，你一定会很懊恼。甚至过了两个月，再想起这件事，你仍然忍不住遗憾道：“那张卡肯定就落在早餐店的餐桌上了，不知道被谁拿走了。”

同样是 100 元，获得和丢失带给人的心理感受是截然相反的。因此，和普通的文案标题相比，警告式标题往往更容易吸引读者眼球。与其告诉读者“做了这件事，你能得到××”，不如告诉他“不做这件事，你就会失去××”。

警告式标题的关键是找到目标人群最关心的因素，找出他们心中不安全感的来源。警告式标题下的内容应由陈述某个事实开始，凭借事实让读者意识到之前的所作所为是错误的，从而产生一种极度的危机感。在警告别人的时候，难免会说到不好的事情，警告式标题也是一样。将坏事放入标题中，会给读者造成很大的刺激。例如：注意啦！你家炒芹菜的锅也可能是废铁做的；这六种水千万不要喝。

炒菜用锅是常识，那么用“废铁”是怎么回事？会对身体产生什么样的负面影响？每个人每天都要喝很多水，这里却说有六种水不能喝，它们分别是什么水？这些标题都是将丑话说在前头，给人一种意外的感觉。警告式标题的精髓，就是先表达某件事情的严重后果，进而柔和地告诫人们不要这么去做，否则将会如何如何。

在写作警告式标题时，最好选择生活中常见的事物，给读者营造一种不经意间发现的感觉。唯有这样，才能最大限度地激发读者的恐惧心理，进而使他们产生阅读兴趣。

三、引导式标题：“你应该这么做”

每个人都有自己想要解决的问题，但是因为自身条件的限制，我们只能借助外界。从这一点来说，每个人都是消费者，都有可能被文案所吸引。

引导式标题，就是针对某一个具体的事情，给出一定的建议和方法。这类标题会扣上“怎样”“某某的养成之道”“更简单某某之道”之类的字眼，这一类标题能吸引大部分对未知领域感兴趣的读者的目光。

生活中，引导式标题的运用广泛，类型多样，例如以下几种类型：

简单直白型：字少事儿大！中秋大礼包，速拿！

另辟蹊径型：秋冬想保湿好，劝你先得补点油！

霸气侧漏型：癌症来了两次，她赢了两次！

人生导师型：成年人的不自在，都是自找的！

委婉劝告型：易怒的父母，养不出快乐的孩子。

如何写好一个引导式标题呢？我们不妨先把标题拆分成几个步骤。

1. 找出目标群体痛点

也就是发现读者的苦恼，写出读者的心声。对用户心理和需求的把握十分精准，这些是标题的关键点，也是文案要着力解决的问题。

2. 写出解决方法

找出了痛点之后，接下来就要解决痛点，向读者提供一个圆满的解决方法。事实上，这种方法被大多数产品介绍类文案采用了。

3. 加工润色

有人说，高手写文案，永远都有继续加工的可能。因为文无第一，武无第二，虽然写作的原理相通，但是在实际写作过程中，又会呈现出不同的解决方法。大多数时间里，我们都在琢磨怎样才能让文案更加完美。

可以用引导的形式去写，例如某洗碗机的产品文案：

要捡起心中的梦，先放下手中的碗。

也可以用劝阻的方式去写，例如某美容院的广告牌文案：

请不要同刚刚走出本院的女人调情，她或许就是你的外祖母。

四、数据式标题：有理有据，尽显说服力

当下是个新媒体盛行的时代，也是个数据化的时代，几乎各行各业都想借助大数据的东风，就连广告界也不例外。现在很多广告人也开始运用软件分析市场行情了，如利用爬虫软件抓取大数据，进行市场调研。而在文案方面，则越来越多地强调数据和模型，数据式标题出现的频率也越来越高。

究其原因，数字比文字更直观、更具化。文案写作的关键是突出产品的卖点，通过对产品卖点的描述，吸引消费者购买。但是卖点的描述也是需要技巧的，单纯地文字描述未必能够打动消费者。例如下面几条文案：

文案写作实操，纯干货指南。

×××寿司店，精选新鲜三文鱼。

×××牛奶，为您补充丰富的营养。

这些文案都将产品的卖点写出来了，“干货指南”“新鲜三文鱼”“丰富的营养”，但是读者在看到这些文字的时候，脑子里仍然只有一个朦朦胧胧的概念，三文鱼的形

象倒是比较具体，可是新鲜的程度又该怎样量化呢？

如果加入数字，效果就会显著提升：

三重好礼，最高可省2999元。

××果汁，1瓶补充21种营养元素。

可以看出，翔实的数据让文案显得更具有说服力。

在写作数据式标题时，关键元素主要有三个：

核心词：产品名称、厂商名、商业理念等；

数量词：具体的数据，用数字表现出来；

属性词：特别之处，即产品的卖点。

将这些元素组合在一起，就可以成为一则数据式标题。例如：

十年“双11”，半部快递史。

火锅的100种打开方式，成都有99种。

××创造3亿销售额的秘密。

可以看出，写作数据式标题是比较容易的，哪怕是文案小白，也可以通过这种方法组合出一条像样的文案标题。

在写作数据式标题时，需要遵循宁缺毋滥的原则。一个数据的出现，必须给读者带来有价值的信息，否则就不要使用。

例如：××学校用200堂课，300天时间，让我学会了油画。

200堂课和300天只需要出现一个，读者就已经可以产生大致的印象了，两者同时出现，并不能带来更多的信息，只会显得啰嗦。

五、直白式标题：重剑无锋，大巧不工

有一种文案人，他们不故弄玄虚，一上来就是大实话，言语之中“干货”满满，态度不卑不亢。只需要看一遍文案标题，你仿佛就能够透过文字看到作者那严肃的面孔。很多人觉得，这种写作方式太笨拙了，已经过时了，不再适合今天的文案写作。其实，这种直言式标题恰恰是最有效的写作方式。

大音希声，大象无形。最高明的往往是最自然的，恰如“重剑无锋，大巧不工”。说到底，文案写作是一种交流的艺术，就像朋友之间的对话一样。与其把时间浪费在华丽繁复的语言修饰上，倒不如好好想想如何用朴实的语言将其表述出来。

文案标题应当起到画龙点睛的作用，你可以使用一些技法来吸引读者，但是不能为了吸引读者而严重夸张。

很多文案新手误认为直白式的标题过于平庸，要吸引流量，就必须采用“标题党”的模式，取个夸张的标题。然而从现实的角度来说，直白式标题的转化率更高，例如新世相的文案：

我买好了30张机票在机场等你：4小时后逃离北上广。

短短的22个字，包含了许多信息，地点（机场）、时间（4小时后）、事件（逃离北上广）、数量（30张机票）。这篇文章一经发出，瞬间刷爆朋友圈，阅读量突破700万。

第三节 文案标题写作技巧

对于广告的受众群体来说，每个广告文案的标题在大脑中停留的时间不超过1秒钟，而是否打开内文的决定性因素就在文案标题。那么，怎么才能让人在众多信息中一眼看到你的标题呢？

一、通过标题放大营销效果

好的文案除了需要具备广博的知识，还要对文字有着相当精深的把握和运用能力，优秀的文案甚至可以成为网络段子，让无数人主动为之宣传。例如：

怕上火，就喝王老吉。

当广告口号成为流行用语时，你还在发愁没有影响力吗？

二、创造有效标题四要素

要素一：紧迫性。标题的紧迫感配合产品精致美观的包装，可以立刻激起人们的购买欲，例如：

八折抢购，仅限今天。

虽然文案内容不一定真的像标题表现得那么吸引眼球，但至少标题的紧迫感会让人产生一种“看一看”的冲动。2016年，京东商城结合百事可乐猴年营销，推出了广告“把乐猴王纪念罐马上带回家”。

要素二：独特性。独特的标题和文字表达让人很容易就记住产品，而且能激发受众的好奇心，引导他们进一步去查看。例如：

为了使地毯没有洞，也为了使您肺部没有洞，请不要吸烟。

要素三：明确性。对标题来说，简单明了往往可以给人留下深刻印象。例如抖音的广告：

记录美好生活。

要素四：利好性。即主动告诉读者好处，吸引读者查看相关信息，这种标题多见于广告文案。例如：

0 元抢 SKII!

文案标题拟定好后，就可以评估下是否符合四要素及符合程度，评估结束后，可视情况重新拟定标题，设法提升标题吸引力，进而提升标题阅读率。

三、提炼标题，优中选优

标题要从内容本身出发进行提炼，可以起到和信息清单类似的作用，将连串和产品有关的词汇进行排列组合，组成有效标题。以“手机”为例，和手机有关的词汇有产品品牌、产品配置、产品尺寸、手机档次、手机材质、大致定价等，组合成新标题。如果是从长篇文案内容提炼出单标题，可以采取以下四种方法。

1. 内容关联法

内容关联法是比较常用的标题创作方法，而且不局限于文案类标题，它主要根据标题和中心内容直接选择重点词语打造标题。

2. 位置关系法

从文案内容的常规位置出发，如文章和段落首、尾、中间，找出重点语句，初步确定标题中心。

3. 语言标志法

语言标志法主要从位置关系分析的角度出发进行补充式分析，在文案里，一定的内容总有一定的形式标志。语言标志就是选择有针对性的内容，对其进行完整陈述，是完整的句子。

4. 归纳提炼法

文案内容较多，但在主题较为集中的情况下，在构建标题时可以选择归纳提炼分析法。归纳提炼法通常有两种定义：一是从文案内容的个别前提得出相对统一结论的方法；二是从个别前提得出必然结论的方法。

想要给受众留下深刻的第一印象，就需要多从几个备选标题中选出效果最突出的一个。作为文案创作者，多准备几个标题范例是必需的，不但能扩大标题选择范围，还可以让备选标题成为副标题或文案内文的中心点。

四、幽默、亲民、个性化正成为潮流

当下，大众的口味越来越多元化，传统标题的写作方式早已不适用。新生代更喜欢那种幽默、亲民或个性化十足的广告。

2019 年 1 月 1 日，屈臣氏与美津植秀联合呈现全新广告片“做自己，美有道理”，邀请四位性格迥异的女孩演绎自己的个性态度：“我的美，除了我，谁说了都不算。”通过这种个性鲜明的表达方式凸显自己品牌的独特性。

2019 年，999 感冒灵有则广告叫“侬好 2019，下一站未来可期”。未来可期，多么美好的字眼，这句广告语试图通过一种全新的方式，架设品牌和消费者间的情感桥梁。

第四章 瞄准“卖点”：刺激客户的购买欲

怎么才能成为优秀的文案人？相信很多从事文案工作的人都问过类似的问题，不同的人会给出不同的答案。想写出好文案，首先要了解市场传播规律和消费者喜好，其次要深入了解产品特征，最终找出“受到消费者喜爱的产品特征”。这个产品特征，就是所谓的卖点！

第一节　挖掘卖点，撰写温热文案

写文案最忌讳的就是“自娱自乐”，自己看着十分满意，观众看了无感，甚至根本不愿意看。卖点是产品销售经营的关键因素，可以把产品变成商品，实现获得利润的根本目标。作为产品宣传工具的文案，其首要任务就是突出产品卖点。

同样是写文案，为什么有的人月薪三万元，而有的人只有三千元呢？除了对文字的把控能力，更重要的是挖掘卖点和表现卖点的能力。

很多人都曾有这样的经历：“烧脑”几天想出来的文案，却被上司当场否定了。更可气的是，别人随口说的一句文案，听上去平平无奇，甚至有点烂大街，上司却点头称好。也许你无法理解上司的决定，甚至在内心抱怨他没水平、偏心。可等到你的文案能力达到一定水平之后，你就也就理解了上司的决定。很多所谓的文案，与产品的卖点没有任何关系，也就没有任何意义了。

提炼卖点并不是一件容易的事，需要遵循合理的方法才能完成。我们可以将卖点拆分成几个细致的小点：产品有哪些特别的地方？消费者为什么选择这个产品？产品对他有什么用处？他买这件产品是准备自己用还是送人？他要在什么场景下使用这个产品？想清楚上述问题之后，才能找出有效的卖点。例如，淘宝的文案：

上淘宝，淘到你说好。

选取的卖点就是淘宝可自如筛选、购物便捷。

提炼卖点的方法有很多种，但归根结底还是建立在对产品的了解，对消费者需求的分析，以及对竞品、市场趋势的熟悉等因素之上的。可以通过以下几个步骤进行分析。

对比客户特征和产品特点，明确客户的定位，做好市场前期调研，分析公司及产品特色。

一、分析公司及产品特色

要想写出好的文案，必须十分熟悉公司产品，这样才能找出它与其他同类产品的差异。例如自己公司产品的长处（如有机、纯天然、无公害），或者竞品短处（如营养价值低、生长环境普通）等。

二、做好前期市场调研

做好市场调研之后，详细分析当前流行趋势，例如，现在市场热销的是什么产品，有哪些卖点；消费者为什么热衷此类产品？最好可以做到人无我有，人有我优，只有突出自身优势才能让消费者选择自己的产品。

三、明确客户的定位

想要卖一件产品，了解自己的顾客也是重中之重。对消费者进行画像，包括目标群体的年龄、性别、学历、工作、爱好等。曾有一家互联网公司——和佳软件，通过更精准地定位目标客户，针对客户需求调整产品和市场策略，即专注于对窄行业提供系统的、集成的解决方案，从最初地面对各行业、大小通吃，到目前专业服务于制造业中的细分行业。

四、将客户特征和产品特点进行对比

找到客户需求和产品特征的共同点，这往往就是产品的卖点。例如一部手机，商务人员喜欢性能全面、电池容量大的，而老年人喜欢声音大、字体大的。例如下面这两个经典广告，其实就是在直接宣传卖点：

某手机品牌：

> 充电五分钟，通话两小时。

某老年机品牌：

> 按键大，声音大，显示大，专为长辈设计的手机。

可以说，这两则广告直接定位好了购买人群。第一则广告简洁明了、自然流畅，曾一度成为人们口口相传的热门广告词。而第二则广告虽然没有太出彩的地方，却直接定位到了老年人选购手机的特性上，可以说卖点直接、一看就懂。

曾经有一家艺术留学学校广告语这样写道：美行思远学校。英美留学，就找美行思远。

对于上面这段广告语，只能给出“过于平淡”的评价，虽然这段文案信息齐全，但是并没有突出自己学校和其他学校相比优势在哪里，这家公司官网上的最终广告是：

英美梦校计划！提前锁定梦校，留学梦快人一步！

虽说不上极其完善，可卖点已经出来了。相比于原来像说明书一样寡淡无味、只能提供基本信息的广告，新广告一下子变得鲜明和与众不同。

第二节　精炼卖点，锻造走心文案

一个产品，卖点的设计一定要满足消费者的真实需求，只有这样，才能激发消费者的购买欲望。有时候，消费者的关注点并不是你在卖什么，而是你的卖法有多么与众不同。很多文案看起来“高大上”，可总给人一种“不走心”的错觉，主要是因为不能提炼出有效卖点。合适的卖点可以提升消费者认知，让消费者牢记品牌特性，甚至将其当成口头禅，免费在人群中宣传。

文案创作者可以从认知、精神和情感几个方面提炼卖点，只要能够触及这几个方面，文案就能产生出独特价值。

一般来说，人们在写文案时经常会将重点信息放在醒目的位置，例如品牌名称、产品特点、具体地址、商家联系方式等。看着这些广告，你就能清楚地了解到这些信息。例如，某外卖软件的文案：

美团外卖，送啥都快。

这些简单直白的文案通过长年累月地在各大媒体平台轮番“轰炸”，无数人便在潜意识里记住了这条广告，也下载了美团外卖这款软件。

某汽车销售网的广告文案的轰炸更为直接，网络上直接称这种广告为“复读机式广告”：

买新车，上毛豆！
3000元，3000元，3000元！

首付3000元起，品牌选择多。

毛豆新车网，首付3000元起，开新车！

这种文案虽然可能让不少人感到不适、厌烦，但与此同时，观众通过复读机式广告记住了“毛豆”这个品牌和“首付3000元”的超低价位。

提炼卖点时，需要找到卖家的独特之处，同时还要求这个独特之处能打动买家的心。一般来说，至少有六个方面值得文案创作者去提炼卖点。

一、独特的概念

不少商家喜欢炒作概念，因为一个崭新概念的出现，往往可以吸引众人的注意力。例如某房地产的文案：

给你一个五星级的家。

二、强烈的感觉

从感觉着手描写产品，可以让人“身临其境”。例如某巧克力品牌的广告文案：

纵情德芙，丝滑感受。

三、特殊的情感

用户对于品牌或产品产生特殊情感，这种情感也可成为它的独特之处。例如keep的品牌宣言文案：

自律给我自由。

四、特别的品质

宣扬产品时，最具有代表性的就是产品的品质，实用、耐用、环保、健康的产品总能打动人心，尤其是对于日用品来说。例如某洗衣棒的宣传语文案：

黑科技“神器”，为你的衣物保驾护航，和污渍说拜拜！

五、文化的传承

受到产品受众、使用场景的影响，某些产品将卖点放在文化传承上，试图打造出鲜明的文化气质。

例如酒的广告文案：

唐时宫廷酒，今日剑南春。

六、使用的效果

根据产品的使用效果创作文案也是常见的文案形式，以特色作为USP（亦称功能性诉求、独特的销售主张）的营销，并不主要突出消费者的行为特性，也不过分强调产品的核心精神文化内涵（例如产品的一种主张或者倡导的一种文化），而是直截了当说出功效。例如一些医药保健品的文案：

保护嗓子，请用金嗓子喉片，广西金嗓子！

总之，提炼产品卖点是文案创作的重中之重，直接关系到消费者的感受。在营销和策划过程中，文案创作者一定要站在消费者的角度上考虑问题，懂得换位思考，才能挖掘出有效卖点。

第三节　抓住品牌灵魂

很多文案创作者在工作中都遇到过这样的问题：

我们的品牌风格是×××，怎么写出符合风格的文案？领导总觉得我写的文案不符合我们的品牌风格。

我们的定位是×××，可我总不知道这群人在想什么。

诸如此类的问题比比皆是。

品牌定位是企业经营的重要环节，是企业在对市场进行充分研究，结合公司的实际情况，根据品牌在文化取向及个性差异做出的商业性决策。品牌定位的存在，目的是建立起和目标市场相关的品牌形象，也就是说，要在消费者心中占据一个特殊的位置。文案写作也必须围绕品牌定位去做。

每一个优秀的品牌，都能准确定位目标受众，但因为特征单一，在与同类品牌的竞争中，受外界因素影响比较大，一旦找到互补性的品牌，就能从多个方面对目标受众进行阐释。这对于品牌来说，是非常重要的战略思维。

某白酒品牌的受众定位一直紧扣年轻人。它的定位就是“年轻人的小酒”，凝结成两个词语，就是“年轻人”“小酒”，主打青春元素。所以创作的文案主要针对 80 后、90 后消费群体，通过对年轻群体的情绪释放的把握，对其生存状态、经济收入、心理问题等的深入研究，给出一条又一条“扎心文案”：

> 耽误你的不是运气和时机，而是你数不清的犹豫。不要到处宣扬你的内心，因为不止你一人有故事。
>
> 有一种孤独，不是做一些事没人陪伴，而是做一些事没人理解。
>
> 我们那些共同的记忆，是最好的下酒菜。
>
> 孤独，不在山上，而在街上；不在房间里，而在人群里。

从其选择的跨界合作对象就可以看出来，紧跟年轻潮流。而且跨界区域不受任何限制，在营销思维上实现了从产品中心向用户中心的转移，真正确保了以用户为中心的营销理念。

一、明确定位：写出好文案的关键

当你还是个文案新手时，领导常常对你的作品不满意：“你写的东西，配不上这个品牌。”你不禁困惑，我明明写得这么高大上，怎么领导还要这么说呢？你发现，领导最终选择的文案看起来那么平平无奇，你忍不住愤慨：这个领导真没眼光！其实并非领导没眼光，而是你努力的方向出现了偏差。每个品牌都有属于自己的定位，可以吸引某些特定群体，如果不考虑品牌定位直接写文案，写出的文案就无法深入人心。比如领导让你给五常大米写一则广告，你若直接写“五常大米，米中珍品，极致享受”，看起来的确足够“高大上”，却少了那么一丝品牌核心的独特韵味——和米有关的韵味。而某厂家的五常大米广告为“正宗小产区五常贡米，自然敢为天下鲜”，品牌定位更准确一些。

很多文案新手经常犯的一个错误就是，根本搞不清楚品牌定位是什么。品牌定位是站在消费者的角度看问题，体现出消费者希望从品牌中获得什么样的价值。品牌定位要考虑目标消费者的需要，所以在写文案之前，要借助消费者行为进行调查，了解消费群体的生活情况和思维模式。

二、围绕定位：进行文案创作的诀窍

明确品牌定位之后，接下来要做的就是围绕定位进行文案创作，有三个非常实用的方法，可以帮助你快速写新文案。

1. 延伸关键词

从品牌定位中选择关键词，延伸成一条完整文案。

例如，某白酒品牌旗下的高端产品，就定位成“中国两大酱香白酒之一”，这是一种比附定位，因为茅台就是酱香酒。

2. 发掘用户特征

根据品牌的定位。找出目标群体身上最具代表性的特征。

例如，某火锅品牌的文案：

来自四川的火锅。

3. 围绕企业领导展开

很多企业领导具有传奇色彩，因此可以根据企业领导的个人特质，创作独特风格的文案。例如，马云说过一句非常经典的话，结合他自身的传奇经历，足以成为阿里巴巴的一句经典文案：

绝不放弃，就会发光；若有光芒，必有远方。

定位强调的是，一个品牌在品类中的位置。消费者在进行购买决策时，想买的品类会在其心目中产生什么与众不同的标签，就是这个品牌在品类中的位置，即定位。例如：

乐百氏的定位＝27 层净化＋纯净水

农夫山泉的定位＝领导地位＋天然水

昆仑山的定位＝天然雪山＋矿泉水

5100 的定位＝冰川＋矿泉水

依云的定位＝法国高端＋矿泉水

巴黎水的定位＝法国＋气泡水

品牌定位准了，写出的广告文案才有灵魂、有方向，才能用简单的语言诠释出品牌的特性。

第四节 传播理念——推销产品

企业的核心理念是企业长青的基石。人们常说：“一流企业卖理念，二流企业卖服务，三流企业卖产品。”做企业的最高境界是做文化，从精神层面影响消费者。文案创作同样遵循这个道理，一流的文案推销理念，二流的文案推销产品。只推销产品的文案难见长效，而推销理念的文案却能引领时代的潮流，持续获得认可。

健康是每个人都会关注的，并且近几年健康和养生活动的参与者呈现出年轻化的趋势，所以围绕健康、养生来打造话题和内容是非常符合市场趋势的。999 感冒灵作为一款感冒药产品，改变了以往广告中常见的套路，不卖货、不煽情，而是试水短视频。《健康本该如此》这支短视频通过更加生活化的内容展现了现代年轻人熬夜脱发、油腻、肥胖、早衰的状态或现象，并通过保温杯里泡枸杞、偶尔早睡早起的行为表现出很多年轻人对于自己身体精神健康的担忧和焦虑。

这支短视频看似是日常生活中绝大多数年轻人的真实写照，却意在提醒年轻人要关注自己的身体状况，契合了大众的期待，也传递出了一份温暖和关爱。非常鲜明地体现出了 999 感冒灵的人文情怀，也凸显出了品牌的核心价值理念，让大众对这一善意难以抗拒，更加容易心生认同和好感，从而达到提升品牌认知度的效果。

通过情感和价值观的融入，健康理念的传播，在消费者心中建立一个有温度的品牌形象，这是 999 感冒灵这支短视频的目的所在，而《健康本该如此》这一短视频获得效果也的确非同凡响。

一、好文案优先传播理念

文案新手经常会听到诸如此类的评价：文案内容虽然全面，可总觉得缺了点什么。缺什么？缺的就是理念。写文案最忌讳的就是直来直往，写出来的东西寡淡无味，虽然信息详细，却十分无趣。如果你的文案无法引起共鸣，那么这种文案就没什么意义。

二、从抽象化理念着手创作文案

说到以情动人，某酒类品牌曾推出过一款堪称经典的文案：

> 人头马一开，好事自然来。

这文案很容易迎合消费者心理，对于高端商务人员而言，有应酬的场合，自然希望好事不断。

此外，其他一些运动类品牌也采用了同样的方式，例如：

> 特步 Xtep：让运动与众不同。
> 耐克 Nike：Just do it. 只管去做。
> 彪马 Puma：快乐的走路族；“有灵魂的运动鞋”。
> 安踏 Anta：keep moving，永不止步！

仔细观察电视上的广告，我们会发现，很多企业都采用这样的方法。他们没有直接推销产品，而是宣扬一种积极向上的精神，这与运动品牌的定位是相符的。让人从内心喜欢这个品牌，认同这个品牌的气质和精神。

第五章　有趣故事：拉近品牌与顾客的距离

在这个广告乱入的年代，随手打开网页，几乎都能看到广告，难免让人产生审美疲劳。怎样才可以写出差异化的文案呢？其实，很多优秀的文案都是通过故事的形式展现在消费者面前的，一篇好的故事型文案，能够让消费者感同身受，从而拉近品牌与受众的距离。

第一节 故事性文案的优势

一个好的营销一定有好的文案策划，而好的文案策划离不开故事，那些流传已久的故事一直是营销的法宝，优秀的故事性文案甚至能让观众自发地传播。故事文案应该具备以下几个特点。

一、博人眼球

AIDA公式又叫艾达公式，是推销学中的经典公式，也是消费者接受广告的心理过程。“A”为Attention，即引起注意；“I”为Interest，即诱发兴趣；“D”为Desire，即刺激欲望；最后一个字母“A”为Action，即促成购买。在这个过程中，“Attention”是最重要的因素，没有这个基础，激发欲望、促成购买也就成了空谈。所以，博取观众眼球是营销文案的首要任务。

在当下，营销信息随时可能被淹没在信息海洋之中，能被观众接收的信息十分有限。部分商家因为过于夸张的营销宣传让消费者产生了一定的“免疫力”，所以故事性文案的优势就凸显出来了——形式新奇独特，内容商业性不强。例如：

> 加班到凌晨两点，本想睡个好觉。妈妈永远是准点的闹钟，老一辈人总是习惯上前帮孩子解决掉所有问题。你一边心疼日夜操劳的母亲，一边又对其爱的方式倍感无奈。世界上所有的爱都是相聚，而母爱是为了分离。从第一次离开妈妈的怀抱爬行，第一次离家去幼儿园，到后来结婚有了自己的小家庭，我们都在与妈妈渐渐“告别”。每个妈妈也都在小心翼翼地呵护孩子成长的每一步，但我们会长大，爱也需要成长，最好的亲子关系是彼此关心却又互相独立，而这需要两个人共同的努力。
>
> ——美林《让爱恰到好处》

二、有强烈的代入感

故事之所以能调动人的情绪，主要因为其具有很强的代入感。我们在看一段故事或者一部影片时经常会在不经意间把自己想象成故事的主人公，他们的行为可以牵动观看者的情绪。某运动品牌每年都会想方设法签约一批大牌球星，同时为他们奉上数以亿计的代言费，但回报也十分可观。球星代言为什么能如此火爆？同样是因为代入感，球迷穿着偶像代言的鞋子时就会产生这样的心理暗示：也许我穿上这双鞋就能像偶像一样拥有高超的球技了。

例如，被大众津津乐道的乔布斯重回苹果的故事：

2019 年，苹果公司市值一路下滑，之前被自己亲手所创公司所排挤的乔布斯回归并再次创造了神话，而且是前所未有的辉煌——苹果的市值一度超过埃克森美孚石油公司，成为全球市值最大的公司。

三、更具亲和力

更多时候，感性诉求比理性诉求更吸引人，故事性文案的第三个优势就在于能将观众生活中可能遇到的情况和产品结合，再巧妙融入一个或多个小故事里，让文案充满日常趣味。有的故事甚至附带充满悬念的故事情节。例如：

> 司藤，1910 年精变于西南，原身白藤，俗唤鬼索，有毒、善绞、性狠辣，同类相杀，亦名妖杀，风头一时无两，逢敌从无败绩。妖门切齿，道门色变，幸甚1946 年，天师丘山镇杀司藤于沪，沥其血，烧尸扬灰，永绝此患。

这是《司藤》挂在当当网上的文案，描述至此，司藤已死。后面呢？读者想要了解之后围绕司藤这个妖怪究竟又发生了什么事，买本书回家细读，达到了营销的目的。

四、深层次传播

当今社会，社交网络发达，人们热衷于在社交媒体上分享一些奇闻逸事，文案营销也经常会借助这些事来做文章。例如，王老吉国庆借势文案：

> 国庆出游，有王老吉在，堵在路上也不怕。

杜蕾斯借势“双 11”文案：

> 任何的一时冲动，我们都能阻止，同类相杀。

999感冒灵借势感恩节文案：

生活就像一场重感冒，需要治愈。

某理财产品借势万圣节文案：

这个万圣节，请不要再扮穷鬼了！

优秀的故事性文案可以让受众进行自发性分享，得到更深层次的传播。

第二节　如何讲好故事

高明的文案擅长将产品卖点藏在故事里，而不是直接说出来，在不知不觉中引起人的欲望与信任。

文案营销要想讲好一个故事并不容易，因为文案营销的最终目的是盈利，而多数人对这个字眼敏感。只是讲好一个故事，却没有达到营销的目的，那么这个文案就不是合格的营销文案；一味地说营销，故事却讲得一团糟，也不是合格的故事性营销文案。营销文案要想讲好故事，可以从以下几方面入手。

一、讲故事要真诚

文案营销最忌讳的就是虚假宣传，不但不能给营销带来持久利益，反而会损害品牌形象，危害企业的长期利益。因此，进行故事性文案营销时，一定要实事求是。企业文案营销存在失信行为，会导致品牌形象崩塌、忠实客户流失，并受到相关的行政处罚。

二、叙述方式与语言“网络化”

随着信息技术的发展，互联网已经成为文案营销的首要战场，再加上网络文化的发展，幽默搞怪的独特叙述方式成为主流。想让网络受众倾听你的故事，采用互联网的叙述方式是个很不错的方法。例如某雨衣广告：

一对情侣驾车在大洋洲腹地游览，天忽然下起了大雨。他们发现一只受伤的袋鼠卧在路旁，两人下车走近去看，小伙子还脱下自己的雨衣给袋鼠披上。不一会儿，袋鼠跑开了。两个年轻人正要继续赶路时才发现车钥匙放在穿走的雨衣口袋里。当两人正在为被困在荒野中发愁时，穿雨衣的袋鼠回来了，旁边还跟着一名当地土著。土著拿出车钥匙并指着姑娘要求做个交换，小伙子竟然点头应允。这可气坏了姑娘，她愤怒地看着恋人。不一会儿却真相大白：那个土著要的只是姑娘身上所穿的雨衣。

三、讲一个受众想听的故事

多数人都不爱听什么大道理，所以文案营销最好讲一些受众爱听的小故事。

文案大师威廉·伯恩巴克在“甲壳虫”汽车的一则文案中写道：

我，麦克斯韦尔·斯内弟尔，趁清醒时发布以下遗嘱：给我那花钱如流水的太太罗丝留下 100 美元和 1 本日历；我的儿子罗德内和维克多把我的每一枚 5 分币都花在时髦车和放荡女人身上，我给他们留下 50 美元的 5 分币；

我的生意合伙人朵尔斯的座右铭是“花钱、花钱、花钱”，我什么也“不给、不给、不给”；

我其他的朋友和亲属从未理解 1 美元的价值，我留给他们 1 美元；

最后是我的侄子哈罗德，他常说“省 1 分钱等于挣 1 分钱”，还说“哇，麦克斯韦尔叔叔，买一辆“甲壳虫”肯定很划算”，我决定把我 1000 亿美元财产全部留给他！

这是一则幽默风趣的故事性文案，不但传递了“甲壳虫”的物美价廉、可爱调皮、实用靠谱，同时勾勒出了节俭明智车主的形象。

第三节　故事性文案写作技巧

文案传达的内容比传播形式更重要，很多时候，“说什么”比“做什么”更值得文案创作者关注。

故事性文案是产品吸引用户的手段。产品营销的过程中，故事性文案就像门面，产品在屋内，连门面都看不上，又怎么会进去看产品？可反过来说，门面再好，产品不好，那么故事性文案再精彩也没有意义。

文案营销的目的是在商家和用户之间搭建桥梁，因此，文案创作者要善于和用户进行沟通，写作文案之前务必对他们进行深入了解，这样才能制订文案宣传目标。当文案创作者将用户需求、喜好、情感等因素把握好，才能创作出迎合受众喜好的需求，被大众认可的故事，而且文案创作者还能在沟通的过程中获得源源不断的灵感。比如给健身房写一则故事性文案：

文案新手：

唐微微，22 岁，健身 365 天，瘦掉 20 公斤。

文案高手：

唐微微，22 岁，2019 年上半年，体重 70 公斤，绰号“胖如”：2019 年下半年，体重 50 公斤，人称“女神”。

两则文案虽然都具有故事要素，但是第一个文案相对来说过于直白简单，缺少锐度，无法刺痛受众的神经。

滴滴打车的宣传文案，以滴滴司机现身说法作为主要内容，表现滴滴司机对精神风貌的展示，让受众感受滴滴打车带来的正能量，使整个文案显得更加生动逼真，更具现场感、可读性和可信性。

我挺勤快的，可没滴滴之前老跑空车。现在我该吃吃，该喝喝，因为我心里有底。

再比如滴滴其他走心文案，一句话就像在诉说一个故事，一个和打车有关的故事。观众读起来，感觉这写的就是发生在自己身边的事，感染力很强。例如：

抢车就像打仗一样，穿着高跟鞋也得跑。

住在城中村的胡同里，总要走几公里才能打到车。半夜孩子发烧，打不到车，只能抱着孩子跑到医院去。

总的来说，故事性文案的创作需要注意以下两点。

一、紧扣标题和产品

创作好的故事性文案如同写小说，因为篇幅简短，所以内容必须紧扣标题。但是如果标题吸引人，内容却和标题没有多少相关性，受众很容易失去继续阅读或观看的兴趣。所以，情节中的铺垫内容要尽量减少，主题单刀直入，抓住关键进行陈述。但也不能光讲故事，创作故事性文案的目的是推销产品，因此故事情节要紧扣产品，起于产品，归于产品。切入点务必准确，最大限度提高情节有效性。比如下面这则《十年账单有话说》的故事性广告：

钱包比男人靠得住，每天早上刷余额宝你懂的；
信用卡还款一直准时，永远都是最后一秒哈哈哈；
给四五套房子交过水电费，没一套是自己的，无所谓；
转账最爱选的表情是“包养你”，可我还剩着；
求包养；
业绩从未挤进前三；
支出战胜了91%的人；
我赢了；
看数字，都说你败家；
打开账单，才知道你多败家；
赞一个。

《十年账单有话说》从不同的人物视角，以自嘲的口吻讲述生活的压力和花钱的高效率。在这则广告文案中，那句“业绩从未挤进前三，支出战胜了91%的人，我赢了”的大数据统计结果可以说直击人心。很多用户通过账单弄清了自己的消费水平在全国的排名，他们纷纷把自己的支付宝账单晒到朋友圈，和亲朋好友比赛，这则广告在当时热度很高。

二、借助时事

文案营销借助时事十分常见，故事性文案的创作也可以借助时事。

例如：《复仇者联盟4：终局之战》作为最终季，一直牵动着影迷们的心，这部电影上映之后，票房更是取得了全球2798亿美元的好成绩。对于这个超强IP，各大品牌纷纷试图从中分一杯羹，共同加入《复仇者联盟4：终局之战》的话题中。最经典的当然是电影首映的赞助商奥迪的文案，这个豪华汽车品牌发布了一段描述惊奇队长重返地球的广告短片，展示了奥迪品牌将于下月在美国推出的新款车型。在《复仇者联盟4：终局之战》中，钢铁侠的座驾也升级成奥迪新款车型，让观众一睹为快。

第六章　丰富元素：让文案更丰满

随着互联网的飞速发展，文案早已从单纯的文字工作中脱胎换骨，变成了搭配图、文、音、像的丰富多彩的广告。内容新奇、形式多样的元素能够让文案更加直观、美观。

第一节　文案必备的四大渲染元素

现代文案经常会将多种设计元素搭配、组合，同时利用各个元素之间的联系为页面的“颜值”加分，大幅提升观众的好感。通常来说，文案工作者只需负责文案的撰写，排版、绘图、视频录制等后期工作，也要考虑视觉方面的因素，因为它和文案效果有着密切关系。

广告学中，视觉元素是十分重要的概念，高端设计师往往能通过少量视觉元素传达出大量信息。视觉元素在广告中的运用，主要体现在广告画面中各种视觉元素的组织、排列等方面，通过确定各种视觉元素，构成元素之间的联系和秩序，进而完成整个广告画面的视觉效果构建。

我们这里所说的视觉元素主要包括图形、文字、色彩等内容，而这些内容又可归纳为点、线、面等形式。视觉元素用得好可以为文案增色添彩。哪怕只是做出微小的改变，也能取得不错的效果。

例如，三只松鼠的地铁广告，广告的内容非常简洁：

年货都在三只松鼠。

简简单单的一句话，配上红红火火的新年喜庆色和俏皮可爱的松鼠公仔，着实扎眼。

那么，文案最常用的设计元素都有哪些？

一、版式

优秀的文字排版可以让原本杂乱的信息变得更富条理性、可读性和设计感，使文字呈现出点、线、面合理搭配的视觉效果。文案排版有三大原则：对齐、对比、修饰。

常见的对齐规则有左对齐、右对齐、居中对齐，不常用的有顶端对齐、底端对齐、两端对齐。左对齐和右对齐的视觉感受相似，版式上更加整齐、严谨，富有约束力。居中对齐弱化了视觉约束力，却提升了版式活跃度，可塑性更强。选择对齐方式要结合画面的构图形式和视觉重心，即文字排版和构图形式要合理结合，当构图形式为左右式时，文案居中对齐、左对齐、右对齐的文字排版形式和整体都比较契合。上下式构图形式最常用的对齐方式是居中对齐。全屏式以视觉中心为参考，当整体画面是一张摄影图或抽象背景时，要找准中心位置，同时按照上下、居中、左右的构图形式进行文本对齐操作。

确定文案空间后，让文案本身的字体产生差异，形成对比，产生视觉冲击。对比主要分为大小对比、粗细对比、字形对比三种形式。

至于修饰，常用手法有：加面，加线，加点，减法，乘法。

加面：以面状出现在文案字体中，作用于重点文案或需要吸引点击的按钮和框选区域内容。

加线：修饰文字、引导文字、整理文字、平衡画面等。

加点：可以和主体搭配，充盈画面。

减法：在文案的表现形式中做剪裁、隐藏或镂空。

乘法：通过交集产生特别效果。

二、色彩

不同的颜色可以带给人不同的感受，相对于其他几种设计元素，色彩对人的影响悄无声息，有时甚至被颜色调动起情绪后仍然没意识到这一点。

黑色带有神秘感，给人高雅稳重的感觉。

巧克力色是永不过时的流行时尚色彩，代表优雅。

玫瑰红典雅明快，华丽大方。

天使白给人明亮干净、畅快、朴素、贞洁的感觉。

公主红代表甜美、温柔、纯净。

白金色象征高贵和辉煌。

抹茶色象征诚实、安稳、讲究、沉静、洗练。

商贵紫和幸运、财富、华贵相关联。

宝石蓝代表永恒、纯真和浪漫。

橘红色有吉祥如意和富贵祥和之意。

三、图片

图片比文字更加直观，一张恰如其分的图片顶得上一篇文章，而且自带营销效果，能引发人的好奇心。例如，婴儿和儿童给人希望和爱意；母亲和婴儿让人感受到生命的伟大；西服笔挺的年轻人让人感受到团队的无坚不摧；运动员的跳跃、汗水让人感受到朝气蓬勃。

四、视频

视频能全方位展示产品的特点，说服能力最强，可视频也需要文字的配合和创意的加工。例如，某品牌牙膏的广告，简单的文案，熟悉的情节，明星的名人效应，让此牙膏品牌很快就被大众熟知。

第二节　版面设计视觉度的提高

版面设计，即印刷物页面的排版设计。版面设计是广告文案制作的重要环节，决定着整幅广告能够产生的视觉效果，设计师可以通过一定的手法在特定的空间内将图片、文字等元素有效组合在一起，让版面显得简洁干净，或生动活泼，或沉稳庄重，提升读者的阅读兴趣，让读者在阅读过程中从视觉上感受到设计作品的主旨。

版面设计中有个十分重要的概念，叫作版面视觉度，意思是指文字和图片（插图、照片）在版面中产生的视觉强弱度。

版面的视觉度由多种因素决定，例如图片的选择、文字的大小、颜色的使用等。版面上如果仅有文字的排列却没有插图，版面就会显得过于严肃、冷漠、生硬，让人觉得枯燥无趣；如果只有图片，或者搭配了毫无创意的文字与图片，也会削弱和读者的沟通力与亲和力，使读者的阅读兴趣大大降低。

设计广告时，最基本的要求就是确保画面的平衡感，不管是图片排列，还是文字分布，都应使整个画面看起来更和谐。这必须遵循一定的法则才能实现。也就是说，广告元素的分布不能太随意，各元素搭配在一起，要能产生视觉上的平衡感。

常见的平衡构图法有三种：对称式构图、非对称式构图、满版式构图。

一、对称式构图

对称式构图能产生静态平衡，给人稳定、沉静、有条理的感觉。这种构图方式在建筑领域很常见，如古建筑讲究左右对称，突出了庄严、生意兴隆、阖家欢乐、肃穆的感觉。在对称式构图中，文字和图案被均匀地分布在页面的两侧，可以上下对称，也可以左右对称。

二、非对称式构图

非对称式构图是动态的平衡，要在不对等的元素间创设出秩序感和平衡感。这种构图方式灵活多样，排列方法多变。例如对角构图、S形构图、三角形构图、十字形构图、向心式构图等。

三、满版式构图

满版式构图，是指将广告元素充满整个版面，上、中、下都有元素分布，给人一种大方、情绪强烈的感觉。

第三节　美图助力打造高颜值文案

想要将产品描述给消费者，再多华丽的辞藻都不如直接摆上图片更简单明了。对于很多产品的推广来说，图片是至关重要的。尤其是一些小型家电，再多的描述都不如“一组细节图＋简短的文字”更直观明了，让消费者在短时间内了解产品的外观、配置和性能。

大卫·奥格威是世界著名的广告大师，他曾经提出一条“3B”原则，即 Beauty（美女）、Baby（孩童）、Beast（动物）。他认为，使用这三种图片，极易吸引人们的目光。爱美之心人皆有之，男人都喜欢美女，女人则羡慕美女，美丽的容颜容易使人心情愉悦；孩子具有纯洁的心灵，容易引起人们的保护欲；动物则具有自然、野性的魅力，同样能吸引大家的眼球。

“3B”原则提出以后，很快得到了人们的一致赞同，成为国际传媒创意方法中十分流行的黄金法则，被用于很多行业的文案写作上。

但是随着时代的发展，广告文案的设计水平也在不断提升，人们在“3B”原则的基础上又进行了更多尝试，其中一些图片类型很受欢迎，包括母亲和婴儿、多个儿童或婴儿的交流、进球得分的体育场面、名人明星、散发着热气的食物等。

广告中有一个专业术语叫“图版率”，即广告版面中的图片跟文字所占的面积比，用百分比来表示。举个例子来说，如果一则广告的整个页面上只有文字，没有图片，则图版率是0％；如果图片和文字各占一半，图版率就是50％；如果全是图片，没有文字，图版率就是100％。

文字和图片分别带给人与众不同的感受：文字让人产生一种沉稳、抽象的感觉，图片则显得活泼、具象。从视觉冲击的角度来说，图片的效果要比文字好，图片的视觉度高于文字，提高图版率可以活跃版面，进而提高版面视觉度；但是，完全没有文字的版面显得空洞，反而会削弱版面视觉度。

当图版率为0％时，大部分观众会觉得枯燥无味，如果此时版面上有一些图片，即可提高阅读兴趣。当图版率达到50％时，受众的阅读性会大幅度提升。但是图版率不能过高，必须搭配恰当的文字，否则，一旦图版率超过90％，反而会让人产生版面空洞的感觉。综上所述，合理安排好版面的图版率，能有效提高版面视觉度。

例如支付宝“双十二”的活动页面上虽然文字不多，却言简意赅，直接阐明了“双十二”的活动力度之大，在不知不觉中吸引消费者的注意力。

第四节　“好色”的文案

单调乏味的色彩难以吸引人的眼球，每个人的心中都有自己的主打色，华丽的金色、高贵的驼色、冰冷的灰色、艳丽的红色，抑或明媚的黄色，不同的色彩总能让我们的内心产生不一样的感觉。

其实，文案也“好色”，灵活运用色彩，可以使读者按照我们希望的那样产生特定的情绪，进而有效提升文字的感染力。色彩是通过眼睛、大脑以及人们的生活经验产生的一种对光的视觉效应，当人们看到自己喜欢的颜色时，心中很容易产生一种独特的情绪。受到文化因素的影响，人们对色彩也会产生不同的心理感受，这一点在民俗活动中体现得尤为明显。例如，在中国人的传统文化中，大红色是喜庆的颜色；在很多欧洲国家的传统文化中，则把白色看作圣洁无瑕的颜色；如今，莫兰迪色受到很多人的追捧和热爱。

所以，文案写作的过程中，应当学会利用色彩，让文案变得丰富多彩。利用色彩时，要注意保持所选色彩和文案描述的产品印象相一致。例如：韩国化妆品就很喜欢用奢华金，散发着高贵、典雅的气息；某国际大牌化妆品，颜色的选用上更趋于高端大气，神秘的黑色搭配冷傲的银色，衬托着兰蔻的非凡魅力；某品牌啤酒喜欢用绿色，因为绿色给人一种生机勃勃的清爽感觉。

大自然是五彩缤纷的，我们生活在这个多彩的世界里，无法抗拒色彩产生的影响，看到不同色彩时，心里难免产生不一样的情绪。

某牛奶品牌的核心广告语是“好味道，不添加”，主打纯牛奶，健康奶。广告宣传上，蒙牛以白色、绿色、淡青色、淡绿色等为主，让人产生纯净、健康的感觉，再辅以明星效应，为此品牌牛奶畅销海内打好了基础。

第五节　爆款短视频——“好创意”制造

互联网发展速度快，风口年年换，这一秒赶不上，下一秒便擦肩而过。近年来，随着大众行为越发移动化和碎片化，使得低门槛、低成本分享有趣的短视频成为当下最火爆的娱乐方式之一。以快手、抖音、火山、秒拍为主的短视频社交软件备受用户青睐。

一则好的视频，配上优秀的文案，能给人留下深刻的印象。视频广告的优点十分明显，非常接地气，而且可以直观体现出大众的使用场量，想顾客所想，为顾客解决痛点，让顾客能够感受到特定场景下的乐趣，进而实现高转化率。

和文字相比，视频更加具象和直观，观众可以通过影视画面了解产品，获得身临其境的感受。

视频广告已经存在很久了，从早期的直接推荐产品，到后来的意识流广告，视频广告的形式也一直在变化。科技的进步使今天的中国进入了移动互联网时代，也进入了一个流量为王的时代，可以说获得流量就离成功不远了。在短视频平台风头正劲的背景下，视频广告也在悄然发生变化，广告公司也开始放下架子，寻求与视频达人进行合作，学习崭新的视频拍摄方法。

拍摄短视频广告是为了宣传品牌或产品，而这要建立在给用户带来良好的观看体验和实用价值的基础上，所以在做选题的时候，要想好短视频能够为用户带来什么。最好选择互动性强的话题，让观众有参与感，例如“怎样让一条普通的牛仔裤演绎出潮牌的感觉”“怎样把泡面做成豪华大餐”等。

讲好故事是拍摄短视频的基本要点，我们都知道孩子喜欢听故事，其实成年人也爱听故事。在短视频中融入故事能提升视频的趣味性，更容易让用户与短视频创作者或所属品牌建立起情感联系。这个故事不是随便讲讲就能达到宣传或营销效果，讲故事之前要列出大纲，平淡叙事的过程中有跌宕起伏，还要在结尾呈现出画龙点睛之笔。

写好了短视频大纲，接下来就是填充内容以方便拍摄。

一、明确主题

拍摄视频之前，一定要想好主题，之后根据主题写出文案和视频脚本。明确主题之后，所有的内容都围绕主题展开，防止跑题。

二、写出文案

虽然视频是以图像的形式呈现出来的，但文案对视频而言至关重要。毫不夸张地说，文案就是视频的灵魂所在。我们平时看到的短视频，看起来很随意，其实是经过精心策划的，视频中的每一句台词、每一个动作、每一个场景，其实都是经过反复修改的。

三、拍摄视频

视频的拍摄方案可根据具体的费用制定，有的视频成本很高，也有些视频花费很少。拍摄视频的门槛其实很低，可要做到非常专业，就需要一定时间去练习了。

四、视频剪辑

视频拍完后，还需要经过精心打磨，才能投放到平台上，这个工作就是视频剪辑。可通过剪辑软件，对视频进行后期的修整，配上字幕，字幕的颜色、大小等都要恰当。

2019 年 2 月，贾樟柯用苹果手机拍了一部过年回家之后返程的小短片——《一个桶》：

> 一个年轻人回家过年，离家返城时，母亲给他装了一桶“家乡的味道”，让他带到城里。年轻人告诉母亲城里什么都有，可母亲执意用胶带将桶密封好。年轻人将这个桶带到了自己的住所，深夜，他拆开这只桶，本以为是什么美食，却发现桶里只是朴素的鸡蛋和防止鸡蛋磕碰的沙，一瞬间感受到了来自家的温暖。

视频播出以后广受好评，很多人表示“感同身受”“同款爸妈”，收到一众响应和热评。整部短视频都是用苹果手机拍摄，凸显苹果手机拍摄时可使用的景深控制功能，拍出更加清晰、真实的短片和照片。

第七章　拍摄制作
——质量与成本的天平

“工欲善其事，必先利其器”，要想拍摄出优质的短视频，对器材的选择绝对不能忽视。面对不同种类的器材，应该如何选择、如何应用，是考验制作团队的大问题。同时，每个短视频所表现的场景都是不同的，需要的场景不同，选择的光线设置和拍摄技巧也要有所差异。本章将对这一方面的内容作出详细的介绍。

第一节　选择合适的拍摄器材

拍摄短视频一定要正确选择摄像机，一般可以从资金预算、摄像机功能和短视频题材几方面综合考虑。

一、选择拍摄器材时要考虑团队的预算

短视频团队在选择拍摄设备时，可以从拍摄器材的预算上考虑。

1. 预算为零

预算只有 0 元的话，就只能使用手机来拍摄短视频了。如果一个短视频创作团队刚刚起步，没有多余的预算，可以采取这种方式来节省开支，把主要的资金都放在视频内容的创作上。创作团队处在初期阶段，还不需要购置太高档的摄像设备。

现在市面上的手机所具备的摄像功能基本上能够满足团队的创作需求，而且手机还可以下载许多不同的软件，也可以满足短视频团队对视频进行文字、图片的特殊处理需求。因此，在团队资金不是非常充足的情况下，手机是完全可以替代其他拍摄设备的。

2. 预算为 3000 元左右

虽然手机所拍摄的视频效果并不会很差，但和专业的摄像设备相比还是有一定差距的。所以如果短视频团队发展到了一定的规模，但拍摄的场地还不是很大，对动态镜头的要求不高的话，可以考虑一台单反相机，比如佳能 800D 系列的单反，镜头是 18mm 至 55mm 焦距的，价格也比较实惠。并且单反相机操作起来也算方便，对使用者的水平要求并不高。

3. 预算为 7000 元以上

当短视频团队的资金非常充足，而且对短视频内容以及画面质量的要求非常精细，那么就可以入手一个品牌的一系列相机，想要相机配置高级点的可以选择镜头焦距在 18mm 至 135mm 的单反相机。这样做的目的是，两台相机配合使用，而且同一品牌的系列相机，能够避免光线不同所导致的色彩上的差异，同时也可避免短视频团队花费大量时间去适应新的机型。

除了这些，当然也可以选择直接购买一台业务级别的摄像机。因为业务级别的摄像机通常都是集成度非常高、非常专业的拍摄设备，当然，相应的价格也会提高，一般都是万元起步。

二、选择时要考量拍摄器材的功能

一部视频的画面清晰度、色彩以及流畅程度，往往是由拍摄器材所决定的，所以如果想拍摄一部能够快速吸引观众成为“粉丝”的短视频，首先要知道在拍摄短视频之前，这部视频的创作到底适合用怎样的拍摄器材来拍。由于社会科技水平逐步提高，视频拍摄器材的科技含量也越来越高，所以想要选择合适的设备，首先要考量的就是它的便捷度和操作方式，而且要知道，不同的人所追求的拍摄效果也是不同的。优质的画面通常都是由精良的拍摄器材呈现出来的，这有助于提高用户的体验。因此对于一个短视频团队来说，设备的选择可从以下方面着手。

目前大家所熟知的短视频拍摄器材有手机、摄像机、单反相机这三种类型，那么如果想要短视频最终的播放效果符合心理预期，提前熟知所使用的拍摄器材的功能就显得尤为重要了。前面三种类型的拍摄器材在拍摄效果上主要有以下几方面区别。

1. 清晰度上有所区别

在创作短视频的时候，视频的清晰度是最关键的。现在人们观看的短视频的画面大多是彩色的，假如说拍摄的短视频画面清晰度很低，那么即便画面的配色再绚丽，内容做得再好，观众的观看体验也是很难得到提高的。好在，现在的智能手机如苹果、三星这些昂贵的高端机，摄像头已经非常强大了，甚至超过了一般的摄像机设备。

2. 不同设备在变焦上有所区别

拍摄器材在功能选择上还有一个重要的因素，那就是变焦。变焦实际上可以分出许多种类，比如数码变焦、光学变焦、双摄变焦等。表面上，在望远拍摄要放大远处的物体时，需要使用这几种变焦能力，可实际上能够在放大图像的基础上保持缓慢的清晰度就只有光学变焦能做到。

根据被拍摄物体的位置远近不同，需要使用的变焦倍数也是不一样的。一般情况下，越是远距离的拍摄越是需要更大的变焦倍数。然而市面上的很多智能手机说是都具备变焦功能，可是碍于技术条件和手机自身的体积限制，它们更多地采用了数码变焦方案。

数码变焦只是强行把取景的图像放大了而已，并没有改变镜头的焦距，这就是为什么有人在非常远的观众席上用手机拍大型演出或是体育赛事的时候，虽然采取了数码变焦，可拍出来的画面还是难以辨别出人像。

至于摄像机以及单反相机这些专业级别的拍摄器材，是能够更换镜头的，所以在变焦这项功能上有更多的选择。只要根据被拍摄物体的远近距离，选择不同的镜头以及变焦倍数，那么拍摄出来的作品就会有更高的清晰度，也会更加真实。

如上所述，只要可以满足短视频团队的日常拍摄需求，选择手机这种简单的拍摄器材就好。如果是要根据不同场景选用不同镜头和变焦倍数，就只有单反相机或者是摄影机这些专业级别的拍摄设备才能满足短视频的拍摄需求。

3. 不同设备在防抖功能上有所区别

在手持设备拍摄的过程中，人的手是会抖动的，那么为了减少甚至防止视频在拍摄过程中由于抖动而造成影像模糊等情况的发生，就需要防抖功能的介入。通常拍摄环境的光线较好时，防抖功能未必发挥显著作用，但是当拍摄环境的光线比较暗时，画质的提升就要依赖防抖功能了。

拍摄设备中常见的防抖方式有两种：光学防抖和电子防抖。防抖功能的加入虽然可以提高画面质量，但并不是每一个设备都具备防抖功能。

光学防抖又可以分为机身防抖和镜头防抖。机身防抖就是直接在设备上添加一个抖动的感应器，它能够感应到抖动的幅度，接着移动感光的组件，从而抵消抖动产生的影响。镜头防抖主要是在拍摄器材镜头内部安装一组能够活动的 PSD 镜片，这样每当在拍摄途中出现了抖动，设备就能够自动检测出抖动的方向，从而移动 PSD 镜头到抖动所在的方向上，消除抖动所带来的影响。不过这样的设置是非常复杂的，而且成本非常高，所以只有在那些高端的摄像机上才会配备。

而 CCD 防抖，也就是电子防抖，采取的是数字电路对画面进行防抖处理，这项技术实际上就是通过降低画面质量来消除拍摄过程中抖动所造成的影响。

电子防抖所需要的技术成本是非常低的，所以许多普通数码相机都有电子防抖的功能。如果拿电子防抖和光学防抖进行比较的话，无疑是光学防抖更胜一筹。

智能手机还在不断地发展进步，越来越多的品牌手机也都增加了光学防抖的功能，一般由于手抖造成模糊的问题都可以解决。虽然手机增加了防抖功能，可是效果仍然没有单反相机以及摄像机那么好。

因此在选择拍摄设备的时候，若是需要用到防抖功能，就尽量不要选择只有电子防抖的设备了，因为电子防抖的效果都不如一般的“卡片机”，最好选择有五轴防抖功能或者有光学防抖功能的设备。

4. 不同设备之间在便携实用性上有所区别

从拍摄的时长来说，一部手机的电池所能支持拍摄的时长是远不如专业的摄像机和相机的，但手机却是拍摄设备中最具便携性的。

虽然有一些“口袋”摄像机，在便携性上比手机还要好，但是这类“口袋”摄像机的光圈会很小，采取的也是定焦，在实际使用过程中可能还比不上手机。

5. 不同设备之间像素有所差别

构成图片与影像最小最基本的单位是像素。要是把一张图片或是影像放大来看，上面全都是一个个小方点，这些小方点就是像素。拍摄器材的颜色越丰富，所需要的像素位数就越高，这样拍摄出来的画面也就越真实。

在许多手机、相机和摄像机等设备的配置说明上写明的像素信息，其实指的是这个设备所支持的有效范围里最大的分辨率。许多人单纯地认为拍摄设备的像素越高，画质也就会越好，实际上，这是一个误区。

现在就用手机和相机举个例子。视频拍摄的时候所截取的其实是中间的像素，比如采用两千万像素或一千两百万像素的相机一起进行视频拍摄时，一千两百万像素的相机截取的是传感器六分之一的像素进行视频拍摄，而两千万像素截取的则是十分之一，这样下来在感光性上就差了很多。

现在市面上的主流手机的像素都保持在一千两百万像素左右，有部分手机的像素已经达到了两千万甚至更多，这样的手机已经能够满足大部分短视频团队的拍摄需求了。

相比之下，单反相机的像素大多还停留在一千五百万，那些有更多专业需求的短视频团队也可以选择两千万以上像素的单反相机。拥有这样配置的单反相机，完全能够满足短视频团队的正常后期处理。

而许多摄像机的像素基本保持在三百万左右，因为摄像机主要拍摄的还是动态的画面，所以要考虑的是画面的流畅程度，像素太高的话反而会导致视频在网络上播放的时候出现卡顿的现象。

当然，选择拍摄器材不要只把像素作为唯一的参考，应该结合许多功能综合考虑，最终才可以选择适合的拍摄器材。一般来说，现在市面上的手机、摄像机、单反相机的像素都是可以满足短视频团队的拍摄需求的。

6. 不同设备的手动功能有所区别

手机主要是被当作一种通信工具而并非专门的拍照或者录像的工具，所以它的手动拍摄功能非常有限，一般只有闪光灯、快门延时、手动定焦、放大缩小和滤镜选择这些简单的功能。

摄像机和单反相机恰恰相反，手动功能非常多。在单反相机上，你可以看到非常多的功能按键，其中包括菜单功能键、照片浏览、照片回放、照片删除等基本功能，此外，还会有手动功能转盘、快门按键、手动调节光圈等。

使用者可以根据不同的拍摄需要来任意切换功能，比如在晚上拍摄视频，可以把快门的速度从 1/25 秒改成 1/6 秒。那么感光度便会降低到 800，从而让视频的画面变清晰。而摄像机就不同了，属于高端的专业级别的拍摄器材，相比前面提到的那两种设备，它的手动功能更加丰富。

不管是光圈调节、镜头调节还是灯光调节，摄像机基本包含了单反相机和手机的所有手动功能，而且不同品牌的摄像机，又会有各自特有的功能。换句话说，摄像机基本上可以满足短视频团队拍摄的所有需求。

三、选择拍摄器材时需要考虑短视频的题材

短视频团队在器材的选择上需要考虑到器材的功能以及资金问题，同时还需要配合短视频内容的需求来选择，所以短视频拍摄的题材也要考虑进来。

1. 题材是微电影或情景剧

通常这些类型的短视频都是故事性较强的，所以在画面的表现和画面质量上有较高的要求，对拍摄器材的要求自然也要高许多。一般这类题材的短视频都需要拍摄较长时间，因此在选择上更倾向于一些便携的拍摄设备。考虑到这些因素，可以大致把选择范围放在手机或单反相机上。

像情景剧或微电影这种短视频，可能需要根据剧本内容切换许多不一样的场景，所以要配合不同的焦距和不同效果的镜头才可以突出主题。虽然手机使用起来非常轻便，但是由于拍摄功能相对单一，比较难适应这类题材的需求，因此不建议创作时使用。

所以许多团队在拍摄情景剧或微电影时会倾向于选择单反相机，用单反相机拍摄出来的画面质量非常清晰，而且还能随意切换不同种类的变焦镜头，可以完美胜任这些题材的拍摄。

除了这些，单反相机之所以能成为许多团队的首选拍摄器材，是因为单反相机拍出来的素材更便于团队进行简单的后期处理以及加工。

2. 题材是直播类

这类短视频通常具备一个共同的特点，那就是呈现的是真实场景，不太需要切换各种各样的镜头，也不太需要刻意追求短视频的画面质量和美感。短视频的内容主要围绕的是主角的语言和行为举止，所以这种短视频对拍摄器材没有太高的要求，仅用手机就可以满足日常拍摄需要。而且这种短视频不用经过复杂的后期制作，甚至一些短视频完全不需要二次处理，可以直接通过手机上传到网上，方便又快捷。

3. 题材是采访和教学类的短视频

教学类的短视频，在拍摄之前应该先考虑拍摄的画面是否能直观形象地向观众展示，然后再考虑画面质量。所以在拍摄器材的选择上，要优先考虑那些待机时间长、对焦能力强、控制方便、录音功能强的拍摄设备。

基于多方面的考虑，拍摄这类题材的短视频就需要选择那些功能较多的摄像机。如果团队的预算资金有限，那就选择功能较好的单反相机。对于那些资金充足的团队来说，便可以考虑那些高端的摄像机。

总而言之，短视频团队在选择拍摄器材之前，一定要根据实际情况，才能找到合适的设备，从而达到理想的短视频初期的画面效果。

第二节　三脚架的选择

不管是业余的摄影爱好者，还是专业的短视频拍摄技术人员，三脚架对于短视频的拍摄来说都是必不可少的。只要是喜欢拍摄短视频的团队，都知道三脚架的主要作用是什么，那就是稳定摄像机，改善视频画面质量，从而更好地完成短视频的拍摄，最终吸引“粉丝”关注。但切勿盲目选择三脚架的类型，在那之前得先确定好短视频内容的方向。

拍摄短视频有很多内容方向可以选择，比如团队拍摄的内容主要为街拍，所需要的三脚架就一定要轻便，还不能是那种会引起周边人注意的，要可以尽快地进入拍摄状态，就需要选择收缩体积小、重量轻的三脚架。而如果拍摄的对象是人物或是在影棚拍摄，那么就不需要过多地考虑三脚架的重量问题，第一要注意的就是稳定性。因此，在选择三脚架之前，首先要做的就是确定好短视频团队内容创作的方向。

确定了短视频拍摄的大致内容方向以后，就要开始考虑什么样的三脚架最适合团队创作短视频的需求。

假如团队的拍摄器材是大型的摄像机，小型的三脚架就不要考虑了，它会造成重心失衡的。而且三脚架的材质不要选择塑料的，它非常容易磨损，稳定性不好。还有，长焦镜头最好是选择那些云台系统完善的，可以快速安装，系统稳固的三脚架。最后注意，三脚架可不是摆来看的，在选择的时候要考虑到自身的负重能力。

绝大多数喜爱摄影的人，都愿意在镜头上面投入巨大的成本，可是却不肯在三脚架上面多投入，这是一种极其不理智的行为。诚然，三脚架并不是越贵越好，对一个创作短视频的团队来说，合适的三脚架才是最好的。那么在此可以根据团队初期能够对三脚架投入的成本预算，做一个简单的层次划分。

如果预算最多只能达到 1000 元，最好选择铝合金材质的三脚架；如果预算最多可达 3000 元，可以考虑碳纤维的，品牌就无所谓了；如果预算超过了 4000 元，就直接考虑捷信品牌吧。

除此之外，三脚架和云台的成本，最好控制在团队所需拍摄器材成本的 15%左右。在确定了短视频团队的创作方向，以及三脚架的成本预算之后，其他的就要从实际应用中出发，分析三脚架各部分的性能，选择一款最适合当下短视频团队创作的三脚架。

一、要考虑承重能力

一般三脚架都会有一个最大承重指标，就是指承受了相应器材的重量后仍然可以保持稳定的一个最大数值。而通常我们在拍摄过程中不会让三脚架的承重超出所能负荷的60％。因为，承载重量每加重一分，不稳定的因素就多了一分。所以在选购三脚架的时候，切记要选择那些能够承受住团队里最重拍摄器材的三脚架。

打个比方说，最重的拍摄器材的重量是两千克，那么三脚架要选择那些承重范围大于两千克的，最好要超出器材重量的两倍，不然一旦出现不稳定的情况，会导致拍摄效果不佳。选择三脚架承重能力时要考虑清楚，需要在三脚架上安置的器材通常包括镜头、云台、快装板和相机本体，这些设备的重量都要计算进三脚架的承重范围。

说起云台，它本质上也是起固定作用的，是用来固定相机本体的。假如说三脚架所能承受的最大重量是三千克，而云台最大的承重量只有两千克，那么它们组合在一起所能承受的最大重量就是两千克。

还要注意的是，三脚架是需要承担云台本身的重量的，所以最终三脚架的最大承重量要大于云台。

为了能在短视频中呈现出更有质感的镜头，拍摄不同的内容往往会用到不同的镜头。那么根据镜头焦距来划分可以分为定焦镜头、长焦镜头、鱼眼镜头、广角镜头、标准镜头等多个种类。镜头的焦距越长，摄像师所能看到的视角就越窄，这样一来拍摄过程中出现任何抖动，摄像师都会非常敏感，因此更需要稳定性强的三脚架。如果团队采用的是200mm的镜头，那么三脚架的管径也一定要大于这个数值。

所以选择三脚架的时候，一定要把以上提到的器材都考虑在内，最后再选择适合承重能力的三脚架。

二、要考虑高度

三脚架的高度可以分成最高高度、最低高度和不升中轴的高度。

其中，最高高度指的是三脚架所有关节都展开并将中轴提升到极限所能达到的高度。通常在拍摄视频的时候，三脚架支撑相机的位置达到与肩膀同高就可以了。

而选择最低高度时就要注意了，最低高度最好不要超过40cm，不然会对微距和低角度拍摄产生影响。而中轴的提升会直接影响到三脚架的稳定性，所以选择三脚架时，中轴的提升高度要控制在30cm之内。

三、要考虑材质

三脚架根据不同材质可以划分为木质的、合金材质的、钢铁材质的、高强塑料材质的、碳纤维材质的等多种类型，当下市面上最常见的就是钢制、铝合金制以及碳纤维制这三种，它们的材质在承重、价格和稳定性上面都是有差异的。

三脚架最重要的一个因素就是稳定性，现在市场上最常见的这三种材质，当属钢制的重量最重；铝合金材质的相对而言比较轻，但是十分坚固；碳纤维材质的三脚架是新式的，重量也是其中最轻的，而且比铝合金材质更有韧性。

所以在选择三脚架的时候，如果是追求便利和性能的，首选碳纤维材质，但是其价格也贵了许多。如果想要最高性价比的，那就选铝合金材质的。最后，如果是在相对固定的场合使用，也可以选择钢制材质的，价格实惠又稳定。

四、要考虑管脚节数

绝大部分三脚架的管脚都是分节式的，每一个关节衔接的地方都是三脚架最脆弱的地方。现在市面上流行的三脚架多是四节和五节管脚。随着节数的增加，管脚直径会越来越小，从而导致三脚架的稳定性大大降低：可是相对的，节数越多也就意味着收起来体积越小，越方便携带。

社会在发展，科技在进步，三脚架在功能与材质上的发展已经走到极致了。现在很多三脚架的生产厂商都开始寻求创新，在功能上进行创新，比如下面这些就是他们赋予三脚架的最新功能。

第一，采用低角度拍摄视频时，可以把纵向中轴转换为横向中轴，从而横置装置。

第二，部分厂家为了使三脚架变得更加便于携带，发明了管脚的反向折叠功能，180°翻转折叠，可以让三脚架折叠长度更短。

最后，可以从三脚架上面拆下一个脚来，配合云台重新做成一个独立的脚架。虽然听起来像是买一个大三脚架送个小的，但这种可以拆分的三脚架的稳定性就不能保证了。选择短视频拍摄设备所需三脚架的小技巧有以下几条：

第一，碳纤维材质的三脚架，稳定又方便携带。

第二，3D 的云台，可以精准控制 3 个方向。

第三，有无拉杆连接的管脚，只要掰出角度就能适应不同场合的视频拍摄。

第四，拍摄时把三脚架管脚全部打开，架好相机后取景器与眼睛在同一水平线上最佳。

第五，螺旋锁紧的三脚架比扣式锁紧的三脚架更耐用。

在短视频的创作过程中，三脚架是不可或缺的器材，甚至可以影响短视频最终的质量。所以短视频创作团队在选择三脚架的时候，要根据团队的成本预算，选择一款最合适的三脚架，这样才能为短视频的创作带来更好的拍摄效果。

第三节　灯光照明设备的使用

不同的灯光能为短视频带来不同的视觉效果。本节介绍的灯光照明设备基本囊括了短视频拍摄常用的类型。相对影视专用设备来说，这些设备要简单得多。

一、灯具

要想表现出不同的光线效果，就需要不同的灯具，在拍摄短视频的时候，可以根据拍摄需求选择合适的灯具。

1. 冷光灯

采用冷光板作为光源的灯就是冷光灯。在工作的时候冷光灯几乎是不会散发热量的，并且它的功率非常小，十分节能。除了这些，它还具有很强的方向性，并且光线较强，人们很容易通过这个灯光判断出光线的照射方向与范围。

冷光灯可以分为两种类型，一种是标准的冷光灯，不能调节光线的强弱；另外一种就是可调光型，可以根据需要调节灯光的强弱。冷光灯通常被应用在会议室、工程建设、店面橱窗等地方。

冷光灯的另一个特点就是能淡化甚至消除阴影，所以比较适合作为背景光和人物轮廓光，可以减少被拍摄物体的阴影，使拍摄出来的短视频画面干净、清晰和自然。除了这些，冷光灯构造简单，不管是安装还是吊挂都很方便，非常适合短视频团队的拍摄。

但是要注意一点，有些冷光灯的光线非常强，如果把冷光灯当作主光源使用，会很难拍出完美的视觉效果，所以在选择冷光灯的时候要尽量选择可调光型的冷光灯。

2. LED 灯

LED 灯的光源本质上是一块可以通电发光的半导体芯片，可以发出红蓝绿青橙紫白等颜色的光。这种设备的结构非常简单，抗震性也非常好，而且节能又环保，所以在日常生活中应用得非常普遍。

LED 灯工作寿命可以达到 5000 小时，在照明设备中是十分耐用的。然而 LED 灯并不适合在视频创作中单独使用，主要原因是它的光线强度有限。不过，如果把 LED 灯和柔光扩散装置配合使用，那么它的光照范围可以得到改善，但是光的穿透性会相应地变弱。

此外，LED 灯对光的可控性相比冷光灯来讲又差了许多。不过 LED 灯也并非一无是处，它很适合近距离和创意照明，可以让视频的画面看起来更加丰富。

3. 日光灯

日光灯也被叫作荧光灯，关于日光灯的选择有很多，因为它的种类是多种多样的。日光灯在使用的过程中容易发热。发热就容易吸引灰尘，久而久之光线的强度就会越变越弱。要注意，日光灯虽然价格非常便宜而且光线也比较强，但无法调节灯光强度，所以并不适合用在短视频的拍摄过程中。除了这些，日光灯的颜色也不够精准，在同时使用多个日光灯的情况下，会导致现场拍摄的光线不均匀，这会严重影响到视频后期的调色工作，所以拍摄短视频不适合使用日光灯。

4. 散光灯

散光灯普遍应用在电影拍摄和演播室的拍摄中，这个类型的照明设备一般拥有比较大的照明范围，通常用于正面照射或是作为顶灯。散光类的照明设备还有三基色荧光灯、调焦柔光灯、12 头灯以及气球灯，这些照明设备所发出的光线都非常均匀，非常适合用于短视频的拍摄。

散光灯在使用的时候通常都是打在背景上，因为它的光是朝着四周均匀地照射的，能够照亮非常大的一片区域，但同时有一个问题，那就是散射的光线非常难控制。

根据上面对灯具类型的介绍，短视频团队可以从中挑选适合自己拍摄需求的灯具。对于那些刚刚成立的短视频团队来说，拍摄初期的短视频可以不用去讲究那些灯光设备，简简单单把场地照亮，保证镜头画面里的光线都是均匀的就行。但要是想拍摄出画面效果更好的短视频，就需要在灯光设备上面多投入一些资金，选购合适的照明设备。

二、照明设备的附件

大部分时间里，拍摄短视频不是非得架起一盏灯，比如在拍摄外景时，只需要借用反光板这种道具，所呈现的光线效果就会很好。在拍摄视频的过程中，还有很多方法能够改变光线。

大多数摄影爱好者都知道，人在柔光的照射下看上去会更加协调，因此在人像拍摄中，可以利用柔光道具改变光线，制造合适的柔光效果。常见的柔光道具就有柔光板以及柔光箱等。那么问题来了，想要改变光线的方向时，需要用到哪些道具呢？

1. 反光板

反光板可以说是短视频拍摄过程中最常用到的照明设备附件了，根据不同的拍摄要求来使用反光板，能够让短视频画面更加饱满，充分体现出镜头中人物和物体的质感与光感，可以更好地突出视频里的主体，让画面更具立体感。反光板可以分为两种，一种是硬反光板，一种是软反光板。硬反光板在拍摄过程中用得比较多，它的表面经过抛光处理，价格比较昂贵。现在市面上出现了用海绵板做成的反光板，价格比硬反光板便宜，是一个不错的替代品。

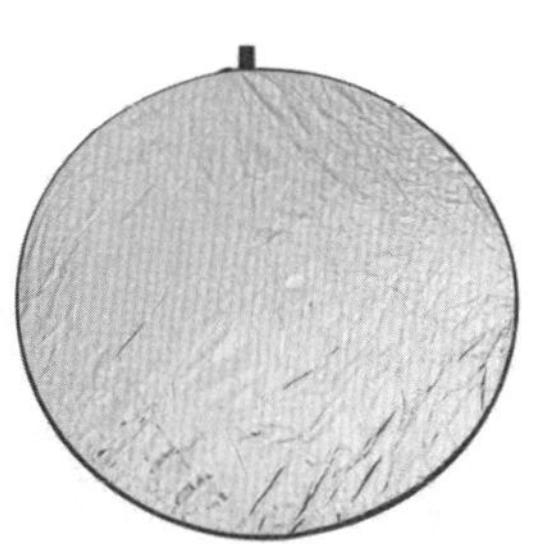

表面上有着许多不规则纹理的反光板就是软反光板，使用过程中起到漫反射的作用，让原有的光源变得柔和。但是并不适合用在拍摄人物上，它比较适合用在拍摄美食类的短视频上。反光板使用起来非常简单，只需把反光板放在光源的周围，接着对反光板进行角度的调节，就能控制光线的走向和范围。

2. 长嘴灯罩

长嘴灯罩就是一个黑色的罩子，是用来控制光线方向的必备工具。照明灯具在使用过程中，配合使用这些附件可以营造出各种不同的氛围，提高短视频画面的质量。

总而言之，这些东西在拍摄过程中都是至关重要的。

三、其他器件

短视频拍摄团队用于控制灯光的器件，有增光用的，也有减光用的；有的能够直接安装在灯具上使用，有的却不能。

1. 旗板

旗板是一种半透明的柔纱，往往是用各种纺织物材料制成的，具有漫反射的作用。根据大小的不同，形状的不同，旗板会发挥不同的作用。在视频拍摄过程中最常用的就是黑旗板。旗板最主要的作用是防止各个光源之间出现干扰，不会改变光线的走向，从而减轻在拍摄过程中出现的散光对拍摄画面造成的影响。

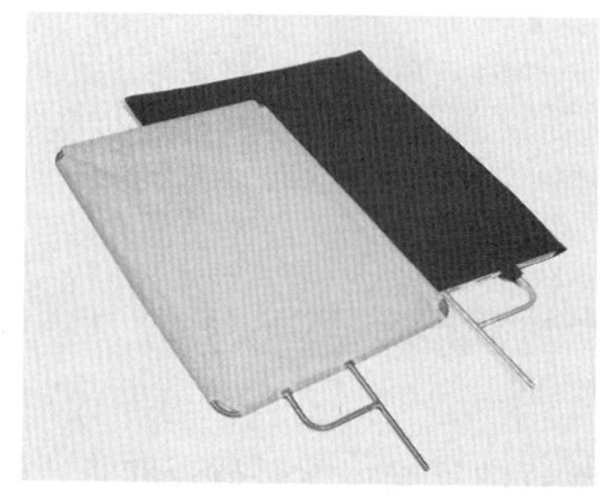

2. 调光器

调光器的工作原理，是通过改变输入照明设备的电流有效值，来完成对光线的调节。根据不同的光线控制方式和使用场合，调光器又可以分成许多种，常见的用来拍摄视频的调光器就是影视舞台调光器，这种调光器的功能齐全而且调光性能也是最好的。

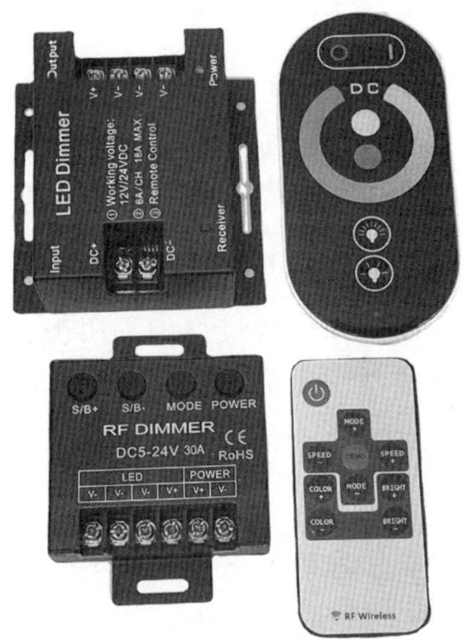

调光器实际上很常见，许多日光灯和LED灯都是出厂自带调光器的。调光器十分适合视频拍摄，用起来也非常简单方便。可要注意的一点是，调光器主要针对的是钨丝灯的照明使用，而且钨丝灯变暗后，色温也会发生变化。

3. 减光网纱布

减光网纱布适用在室外的拍摄过程中，因为它在减弱光线的同时，不会直接影响到光线的柔和度。减光网纱布和柔光布在使用效果上是有本质区别的。

4. 滤镜

滤镜包括减光镜和灰镜，使用它们时不会像色片一样改变光原本的颜色，只是会改变光线的强弱而已。滤镜使用起来很简单，把它固定在光源前面就可以了。

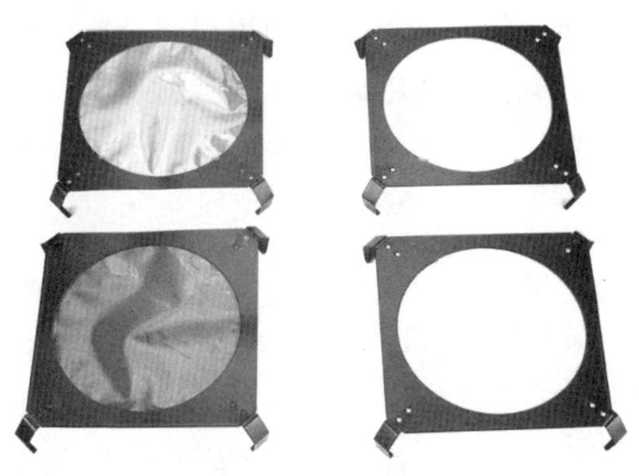

5. 纱窗

纱窗在生活当中十分常见，它其实也是个很好用的减光道具。它可以在不改变光线距离以及颜色的情况下，非常有效地改变光线的强度。

除了上面这些，短视频还可以根据创作需要，在拍摄过程中借助道具营造氛围，这时就需要使用增色道具来对光线进行色彩调节。而色片就是主要的增色工具，这是为了配合灯光所设计出来的，因此在使用过程中不用担心色片会被灯具过高的温度熔化。要注意的一点是，色片所营造出来的视觉效果多是应用到背景上的，所以不适合用在主光源上。不过，如果团队想要在短视频中创造一点与众不同的视觉效果，色片也是个不错的选择。

还有投影遮光板，它可以非常好地营造画面效果。光源把光线照射在投影遮光板上，并不会减弱一定范围内的光源强度，可以起到精准调节大范围光线的作用。

短视频团队在灯光设备的选择上，可以依据自身短视频内容的大致发展方向，选择最适合团队创作的照明设备。除了要考虑照明设备的性能外，还要考虑设备的价格和使用寿命，因为照明设备的价格和使用寿命会直接影响到团队制作短视频的成本。

第四节　巧用场地

短视频拍摄在场地的选择上分为室外和室内两种。

一、室外

一般情况下，一些访谈、情景剧等类型的短视频会选择在室外拍摄，背景通常以街景为主，或者选择在一些有代表性建筑的地方拍摄。

二、室内

美食类、手工制作、脱口秀类的短视频通常会选择在室内拍摄。在拍摄过程中，要处理好拍摄主体和背景的关系。如果以人为拍摄主体，那么室内环境应保持整洁，不应有过多的装饰物干扰观看者的注意力，造成喧宾夺主的感觉。

无论是选择室内还是室外拍摄，都要保证环境的安静，因为过多的杂音会直接影响到短视频拍摄的质量。

在拍摄过程中，还应该注意一点，由于录制过程中人与摄像机距离过近，因此在视频后期处理时还需要做声音剪辑工作，如果在拍摄时能提前考虑到这一点，将为后期的剪辑工作减少很多麻烦。

如果是在室外场地进行拍摄，尤其需要处理好场外杂音，不要让外界的声音干扰到拍摄主题的声音。

为提高短视频的画面质量，短视频创作团队应该结合拍摄的内容，对场地进行合理的布置，对布景风格进行确定，以达到拍摄主体与整体氛围相融合的效果。

此外，在拍摄前还应该对拍摄场景进行设计，并对拍摄道具进行充足的准备。可以利用一些道具，结合现代时尚元素进行搭配，提高画面的真实性和现代感。

第五节　不同天气的应对方案

在短视频的拍摄过程中，天气情况可以极大地影响短视频的拍摄效果和画面呈现。那么，应该如何针对不同的天气环境，对短视频进行合理的拍摄创作呢?

一、晴天

晴天是极适合进行短视频拍摄的，画面会随着太阳的东升西落呈现出各种色彩变化。由于周围物体会对光线的反射产生不同的遮蔽作用，形成阴影，会影响视频中物体的颜色变化，因此拍摄之前还要注意周围环境的影响，及时对相机功能进行调整，以达到预期的效果。

在晴天拍摄时，由于光线比较明显且随时发生变化，因此合理运用光线就显得十分重要。如果想使拍摄的物体看起来更加立体，在光线充足时采取逆光拍摄是首选方式。

二、雨天

大多数短视频的拍摄都倾向于选择晴天，但实际上雨天拍摄也有自己独特的优势，它可以拍摄出别具韵味的环境和氛围。例如，雨天可以营造出一种朦胧唯美的氛围。但是，雨天拍摄的确比晴天拍摄更有难度。在雨天拍摄的过程中，有一些技巧可以借鉴。例如，拍摄对象如果是掉落的雨滴，那么就要选择比较暗的背景色，同时选用逆光拍摄；结合一些自然场景，如从路边的积水中拍人或物的倒影；利用玻璃上的雨水勾画出朦胧的画面，等等。

在雨天拍摄时，除了要随时观察雨势，对拍摄工作进行调整外，在雨天进行构图时，还要尽量减少天空在镜头画面中的比例。可以利用暗色调前景进行遮挡，以免过大的亮度差为曝光增加难度。另外，由于雨天的光线反射，物体的反光能力会比较强，所以多视角拍摄的方式更有利于短视频效果的呈现。

三、雪天

雪天有着更强的光线反射能力，所以要根据雪天的光线情况，进行适时调整。如果短视频创作团队忽视了这一点，明暗对比很容易超过感光片的宽容度，造成画面效果受损。此外，雪天拍摄时还要注意使用逆光拍摄，合理搭配反光板等设备进行补光，或者是通过滤镜吸收掉一部分光。

四、雾天

雾天是一个相对来说不好把控的天气。雾是由大量的水分子凝聚而成的，因此在拍摄短视频时，要注意不同光线的方向和反射影响下雾气呈现的效果。在这种天气条件下，采用侧逆光、逆光或是侧光的拍摄方式对突出雾的特点都有帮助。

雾天不仅可以拍摄出奇特的效果，还可以拍摄出干净、简约风格的画面。最常见的雾天取景方式是将景和物融为一体。为了画面的影调结构以及明暗对比，在雾天进行场景构图时要注意，在镜头画面中一定要出现暗色调的景物，这样可以使雾的视觉效果在视频中有更好地体现。

雾天拍摄短视频可以很好地展现出奇幻的画面效果，但也很容易使短视频画面缺少活力，降低对观众的吸引力。因此，建议在雾天拍摄的时候，选择一位比较有经验的摄像师，提前选好合适的场地和角度，例如，选择高处或者观景台进行拍摄，以达到更好的效果。

第六节　光线运用技巧

为了在拍摄短视频的过程中更好地利用场地，在拍摄之前需要对拍摄光线做到心中有数。

在短视频拍摄过程中，光线的角度以及强度对画面呈现出来的意境有着很大的影响，这就要求拍摄者根据短视频所需要呈现的场景和画面，进行合理的布光、调节光线强度和色调，以营造出更好的拍摄环境。短视频拍摄过程中，在光线的选择方面，有顺光、侧光、逆光和顶光几种方式可供参考。

一、顺光

顺光又叫正面光、平光。光线从被拍者正面照射，特点是被摄者全部受光，光线亮度高，影像平淡，色彩还原较好，但光比较平，很难表现出立体感。

二、侧光

侧光是短视频拍摄中最常使用的一种光线，能使拍摄主体随着光线的明暗变化来突出主体的空间感，显得更加高级、立体。

三、逆光

逆光照明则可以将视频中的背景画面与主体进行有效区分，使被拍物体的轮廓更加清晰，从而增加短视频画面的丰富性和活跃性。但在使用逆光照明手法时，应适当对阴影部分的亮度进行调整。

四、顶光

顶光照明是许多美食类的短视频作者经常使用的光线手法，是将光线直接从正上方打向被拍摄主体，这样拍摄主体就可以呈现出精致细腻的效果和美感。另外，美食类的短视频如果想使用柔和一点的光线进行拍摄，可以合理选择时间段。例如选择在早晨或下午拍摄，这样拍摄主体所呈现的画面感更加真实自然，也更温馨柔和。需要注意的是，应该尽量避免在正午阳光直射时进行拍摄。

由于很多短视频拍摄场景都在室内，因此合理地借助环境光显得尤为重要。例如，在教学或直播类短视频拍摄前，对室内的光源进行观察，充分利用室内的基础光线。如果想使画面达到柔和的效果，还需要避免光源直射。

第八章　短视频构图法则与后期制作

拍摄短视频需要摄影师掌握一定的构图技巧，保证拍摄出的画面适合视频主题、情境等的要求，且符合大众的审美诉求。下面就来详细介绍短视频拍摄中经常用到的几种构图技巧及其应用场景。

第一节 中心构图

什么是中心构图？将拍摄的主体放在摄像机的中心位置进行拍摄，就是中心构图。这种拍摄方法可以很好地突出拍摄主体，让人很容易发现拍摄的重点，从而将注意力集中在拍摄对象上，可以第一时间获取视频想要传达的信息。

中心构图视频拍摄法最大的优点就是能够突出主体，从而明确重点，可以使画面很容易达到左右平衡的效果，中心构图法非常适合拍摄特写镜头，尤其是拍摄那种小景，需要选择相对饱满一些的主体。例如花朵形状的东西——包裹着的花瓣或是叶片，这些东西具有非常好的层次感，能产生一种内在的向心力和平衡力。

一、适用中心构图法的情况

下面这四种情况下，比较合适使用中心构图法。

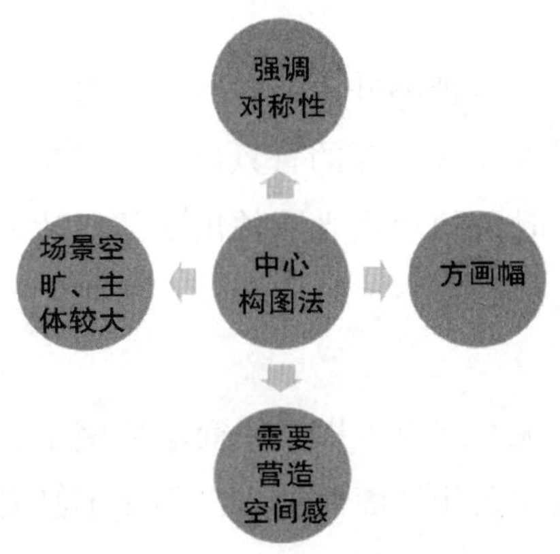

1. 方画幅

当使用的是一比一的正方形画幅时，因为中心到画面四边的距离都是相等的，所以把主体放在中心点上更能引人注意。

2. 强调对称性

就只有中心构图能够体现视觉上的对称。

3. 场景空旷，主体较大

当背景大部分都是相对单一的纯色时，整个画面就会很空。这时如果主体占据的画面比例比较，最好的办法就是将它放在画面的中间，否则会在某一侧形成一股“重量感”，导致画面失衡，观众看了会很不舒服。

4. 需要制造空间感

当一个物体居中的时候，往往更能直观地展现它的大小，尤其是当它被包围在人、建筑物以及其他具有“空间标尺”作用的景物之中时。在拍摄都市风光时，尤其需要注意这一点。

二、中心构图法需要注意的问题

1. 要选择简洁的背景

通常我们选择中心构图，就是为了突出画面里我们主要想表达的内容，所以在背景的选择上，我们需要避免过多无关的元素出现在背景上。

比如你要拍摄人像，你却让模特站在一条人头攒动的街道上，还用中心构图法给模特拍全身照，这样拍出来的照片怎么能让人找到重点呢？因为这样的背景实在太乱了，很难让人一下把视线集中到模特身上。

2. 要使用浅景深

在绝大部分的时候，拍摄短视频并不能找到特别合适的背景。不过，找不到那样的背景也不要紧，我们可以通过浅景深的背景虚化方式来突出拍摄的主体。其实，浅景深效果的照片就是我们平时说的用大光圈拍出来的照片，背景可以有很明显的虚化效果，主体却能够清晰而突出。

3. 要注意图片的比例

为什么要注意图片比例呢？这里可以举个简单的例子：你要是用横的比例去拍摄一朵向日葵，这会在一定程度上让画面两边多出很多不必要的元素；但是如果你选择用竖的比例去拍，则可以突出向日葵在画面中的主体地位，让人一目了然。

第二节　三分线构图

三分线构图法指的是把画面横分成三份，在每一份的中心都可以放置上主体形态，这种构图法适合有着多形态平行焦点的主体，同时也可以表现大空间，小对象，还可以反向选择。这种画面构图方式，具有鲜明的表现力，构图简练，能够用于近景等不同景别的拍摄。

在三分线构图法中，摄影师要用两条竖线和两条横线将场景分割开，就像是写了一个中文的“井”字一样。这样可以从线段相交的地方得到四个交叉点，最后再把需要表现的主体放在四个交叉点中的一个就可以了。

通过取景器观察到的景物，可以在想象中把画面划分成三等份。把趣味中心和其他次要景物安排在线段的交叉点上。当然，规则是死的，要根据实际情况灵活运用，趣味中心也不是一定要在交叉点上，只要大致位置在那一带就可以了。

一般来讲，在画面右端的那些交叉点被认为是最强烈的；不过位于左边三分之一处的地方也可以用来安排趣味中心，这一切都要根据画面所需要的平衡结构来决定。

不管是横画幅还是竖画幅都可以用三分线构图法。遵循三分线构图法来安排主体和客体，整张照片就会显得紧凑而有力。

三分线构图法大致需要注意以下几个方面：

一、画面比例

这在风景拍摄上比较常见，通过把画面边缘区域如海平面、地平线、山脊线和建筑立面等贴近三分线，从而优化画面内容比例，避免了平等对分的僵硬死板。

二、趣味中心

通过把画面的趣味中心安排在三分线交叉点上，引导观看者的视线，符合观众的观赏习惯。

三、重心平衡

如果画面中的主体不是单一的，则可以让两者分别放在不同的三分线交叉点上，从而平衡画面的重心。

第三节　前景构图

什么是前景构图？就是利用距离镜头最近的物体进行遮挡，从而体现画面虚实远近关系的拍摄方式。

前景构图用得好，不但可以有效地突出视频主体，还可以为画面营造出纵深感，大大地提高短视频的视觉冲击力。

画面中加入了前景能够平衡画面的重心，着重表现出远近对比，拉伸纵向的空间，表现出较强的画面质感，丰富画面内容的同时，还可以起到烘托气氛的作用。

镜头从上往下靠近前景俯拍，用小光圈来表现可以让画面更加真实，画面可以形成递进关系，从而增加层次感。

要拍摄沙滩、岩石的时候，利用广角低角度地拍摄前景，能够突出沙石的质感。拍人像时，可以通过选择焦距的方法，让镜头前面的景物完全虚化成一团具有色调的虚影，变成画面的点缀，用以突出人物主体。

一、前景构图的分类

比较常见的几种前景形式有引导式前景、框架式前景、虚化式前景、介质式前景。

1. 引导式前景

安排结构的时候，可以把具有引导视线作用的线条或者一些有指向性的动作作为前景，用以引导观赏者的视线从前景转到中景与后景，用陪体突出主体。若是把往中间汇聚的线条作为前景，就能将观赏者的视线引导到汇聚在中心的主体上面。这样做不但可以突出主体，还可以借助离镜头近的，拥有着丰富细节的前景事物，让画面变得更加有立体感。常见的引导式前景包括墙壁、栏杆以及路边石。

2. 框架式前景

从广义上讲，任何物体，只要能对主体形成遮挡作用，都可以被称为框架式前景。在镜头画面里加入构成框架的前景景物，在发挥出框架式构图作用的同时，还能作为环境氛围的一种衬托，交代出当时的场景条件。

例如，用破碎的玻璃作为框架式前景，就会有一种旁观者的视角，这样拍出来的照片故事性和趣味性都更强。而在人像摄影中，如果镜头靠近了框景元素拍摄，会在画面中形成大片大片的色块，这时可以在画面中加入很多梦幻的元素，比如花朵或光斑之类。

3. 虚化式前景

在使用前景景物进行框架式构图时，通常需要对框架景物进行虚化处理，但是虚化前景并不一定是为了起到框架式构图的“遮挡”作用。

在自然界中，可以借助花花草草作为天然的虚化式前景。如果镜头的光圈足够大的话，也不一定要寻找花花草草，一件很普通的景物在完全虚化之后也会非常具有朦胧感。

4. 介质式前景

可以透过一些透明的物体进行拍摄，这种透明的物体就是介质式前景。采用这种方式，客观上可以增加人物到镜头之间的有效距离。

玻璃就是常见的具有透明属性的介质，大光圈可以弱化玻璃的存在感，为画面提供整体的梦幻氛围。在使用大光圈拍摄玻璃时，最大的一个问题就是会反光，这会影响到相机的自动对焦系统，导致找不到焦点，这时候就需要自己进行手动对焦。

二、适用前景构图的情况

1. 使用的是广角镜头，在低角度拍摄时

面对自然风光，很多人往往会选择采用广角镜头进行拍摄。而在广角镜头下，空间会被拉开来，因此前景就显得更为重要了。这时我们可以选择把石块、流水乃至地面的落叶当作前景。这样的前景可以起到延伸画面的作用，使画面更加具有纵深感。

2. 在拍摄中想要强调虚实对比时

因为空气中含有大量的灰尘和水汽，光线在穿过空气的时候会产生衰减，因此我们看到的画面往往都是近的比较实，远的比较虚，这就是传说中的空间透视衰弱。在构图的时候，有意识地加入较实的前景和较虚的远景，可以起到增强画面层次感的作用。

三、运用前景构图的注意事项

首先，记住前景是用来烘托以及衬托主体的，是为主体服务的，不能喧宾夺主，遮挡我们看主体的视线。

其次，前景不可以抢了主体的风头。前景的表现力一定要弱于主体，要让人能够一眼看出主次，而不是找不到重点。

最后，要确保前景是符合整个画面主题的，要运用准确，构图唯美，既要与主体具有相关性，又要起到突出主体、烘托主体的作用。

只要能够巧妙地利用前景构图，就可以让短视频呈现出更好的画面效果。

第四节　圆形构图

圆形构图是什么？它是一种特殊的、带有适应性的边框，它在视觉艺术中得到了广泛的应用，它的构图形式是产生特定艺术效果的先决条件。圆形构图是在限定的边框画面里根据设计师意图来组织视觉语言、构建画面，从而形成一个人为的视觉空间。

一、圆形构图法的分类

1. 同心圆

同心圆像是将石头扔进湖水中形成的一圈圈涟漪。同心圆具有扩张的视觉引导作用，它的中心点显得格外引人注意。

2. 破绽圆

在一个完整圆形的圆周上，每一点的视觉引力都是均衡的。如果这时圆周上的某一处出现了突起或破损，视觉上的注意力便会马上集中到这里，形成一个新的视觉中心。就像一个圆盘的缺口，破损之处自然而然就会成为焦点。

3. 螺旋形

螺旋形是一种激烈地向心做旋转运动的状态，会给人一种强烈的旋转感与动荡感。

一般来讲，靠近圆心的图像会更容易成为视觉的中心。从视觉构造角度来讲，在视线和画面接触的时候，都是先带着边缘滑动，然后再寻求画面的中心。圆心之上就是画面的几何中心，几何中心和画面的视觉中心并不是重叠的关系，二者事实上是分离的，恰恰是这种分离产生了视觉上的张力。

二、圆形构图法的使用方法

圆形构图法有三种常用方法：

1. 利用边线

因为圆形的边线是没有开头与结尾的，在形状上也没有方向性，整个圆形张力均匀，所以会给人以滚动、饱满、完整、柔和、围拢的感觉。

圆形构图不会突出任何一个方向，可以算得上最简单的一个视觉样式，这样的完美性往往会特别引人注目。

2. 利用圆心

当我们看到一个圆形时，会不自觉地产生一个想法，那就是寻找圆心。假如一个圆圈中间有两个点，那么靠近圆心的那个点会比较突出，因为画面的几何中心是位于圆心上的，它是影响人们知觉力场的一个重要因素。

3. 利用轴线

轴线构图指的是在圆形中以圆形的中轴线为基准，对主体事物进行布置构图。当视线范围内出现一个趣味点时，那么整个画面都将以这个趣味点为轴线，产生一股极强的向心力。从功能的角度来说，圆形构图具备一种适应性，它规定了构成作品的视觉对象与范围，同时也把作品从其环境中分离出来，从而形成一个突出的中心。

第五节　后期制作必学软件

目前，短视频行业常用的后期制作软件主要有以下六种：

一、Adobe After Effects

Adobe After Effects 是 Adobe 公司推出的一款图形视频处理软件，简称“AE”。它属于层类型后期软件。适用于电视台、动画制作公司、个人后期制作工作室以及多媒体工作室等从事设计和视频特技工作的机构。

二、Cinema 4D

Cinema 4D，它的前身为 Fast Ray，中文翻译为“4D 电影”，是由德国 Maxon Computer 公司研发的，具有极高的运算速度和强大的渲染插件。

三、RealFlow

Real Flow 是一款独立的模拟软件，它是由西班牙的 Next Limit 公司出品的流体动力学模拟软件。Real Flow 提供给艺术家们一系列精心设计的工具，它可以计算真实世界中包括液体在内的物体的流动。如流体模拟（液体和气体）、网格生成器、带有约束的刚体动力学、弹性、控制流体行为的工作平台和波动、浮力。

四、3D Studio Max

3D Studio Max 是 Discreet（后来由 Autodesk 合并）开发的基于 PC 系统的三维动画渲染和制作软件，通常被称为 3D Max 或 3Ds MAX。它的前身是基于 DOS 操作系统的 3D Studio 系列软件。在 Windows NT 出现以前，工业级的 CG 制作被 SGI 图形工作站所垄断。

五、Davinci Resolve

Davinci Resove 将迄今最先进的调色工具和专业多轨道剪排功能合二为一。Davinci Resolve 有着可扩展的特性和分辨率无关性，所以适用空间十分广泛，无论是在现场、狭小工作室，还是在大型场地都能适用。

六、Premiere Pro

由于Premiere Pro是一款易学、高效、精确的视频剪辑软件，可以提升创作者的创作能力及创作自由度，受到了视频编辑爱好者和专业人士的青睐。

第六节　短视频剪辑与优化方法

短视频后期剪辑的好坏，决定它是否能将短视频的意义体现出来，也是决定短视频质量好坏的重要因素。后期剪辑工作体现短视频的审美品位，影响着短视频的质量，关系到短视频风格的塑造和短视频主题的体现。完善的剪辑技巧，是创作优秀短视频作品的关键，可以对原本创作优良的视频起到画龙点睛的作用，达到很好的提升效果。

无论是自拍自演的短视频，还是剪辑的电影镜头，都遵循一套可行的剪辑理论，只有这样才能把短视频组成一个完整的成品。根据内容的不同，剪辑具有几个方面的作用。

一、镜头的组接

镜头组接就是以导演剧本为依据，对短视频中的单独画面按照导演剧本的逻辑和要求，进行筛选和去芜存菁的裁剪，最终形成一套有思路、有逻辑、有创意的连贯作品，达到最好的短视频效果。剪辑镜头的组接可以大致分为分剪、挖剪和拼剪三种类型。

1. 分剪

顾名思义，分剪就是将一个镜头剪辑成多个镜头来使用，利用镜头的相似性，将剪辑后的镜头分别用于视频中的不同位置，其优势是可以弥补素材缺少的问题，除此之外，在很多情况下，还能起到增强效果的作用。

将一个镜头分成多个镜头运用在视频中，在素材增多的情况下，可以制造出更多的情节，增强短视频的节奏感和紧张氛围，对视频中不合理的时空关系进行调整。需要注意的一点是，无论是在短视频中还是在电影制作过程中，都应该避免在长时间内反复使用同一个镜头的现象，这样会对短视频的质量造成不好的影响。

2. 挖剪

挖剪的作用与分剪恰恰相反，挖剪主要用来抠掉无用的部分，对一个完整镜头中不足的地方，如停顿导致的空白或是多余的内容进行修整。挖剪手法一般只有在出现拍摄失误或者有特殊需求的情况下才会使用到，一般使用得很少。

挖剪的使用是为了剔除短视频中的瑕疵部分，使动作、人、物或者一些运动镜头更加具有连贯性，让观众始终处于一种合适的观看节奏当中。

3. 拼剪

拼剪是将相似的画面内容进行筛选，把可以使用的部分画面用特殊的手段进行拼接，以弥补画面的不足。以往只有在镜头太短或者不能重拍的情况下才会使用拼剪手法，但是随着短视频行业的发展，越来越多的短视频中都能看到拼剪手法的使用。

对于需要经过拼剪手法处理的视频而言，最好的操作方式是，延长镜头的拍摄时间，使短视频中的人物情感得到升华。拼剪时选取镜头中比较突出的一部分进行加速或者延迟的处理，以此达到理想的剪辑效果。

二、调整短视频结构

通过对短视频内容顺序进行裁剪、调整以及结构改动，使短视频结构更加完整。典型的方法是变格剪辑，这是渲染氛围的重要方式，就是对画面素材中的动作进行变格处理，形成更加夸张的剧情效果，以满足视频中情节发展的特殊需求，形成对剧情动作的夸张和强调。

变格剪辑的使用对短视频最直接的影响就是改变了短视频的节奏。为了达到剪辑师对短视频内容的特别需求，在变格剪辑的使用上通常有两种方式：一种是为了改变视频中的某件事情从发生到结束之间的时空距离，从而对视频画面进行延长或者缩短；另一种是删掉一部分拍摄客体的画面，从而达到突出主体的作用。

三、优化视觉效果

视觉效果的设置包括衔接过渡和特殊视觉等，典型的动态文字效果有 3D 效果、抠图效果、滤镜效果等。在添加各种视觉效果时，一定对各个视觉效果使用的节奏进行适度安排，避免整个短视频的画面过于死板，以增加视频画面的视觉冲击力。

除此之外，关于色彩的选择应用，在短视频制作剪辑的过程中也要多加注意。由于黄色在终端显示的时候往往让人感觉脏乱和阴暗，所以对黄色的使用要谨慎考虑。

四、声音的运用

通过对短视频素材的取舍、修整、组合和连接，结合使用与短视频风格相吻合的音效，可以烘托人物性格、增加戏剧效果、渲染环境氛围，制作出更具有感染力的短视频，满足观众的需求。

随着互联网的发展，短视频的传播变得更加快速便捷。为了更好地表达短视频所呈现的内容，除了需要提升内容与画面的质量外，还需要不断提升剪辑技术，才能更具体地呈现出短视频的主题思想。

第七节 短视频剪辑注意事项

在短视频剪辑中应注意以下事项，可以帮助创作者使用更好的剪辑技巧凸显出自己的视频风格。

一、准确把控节奏

由于社会的高速发展，生活节奏的加快，人们都希望用最短时间获取最大的信息量。这就要求短视频的节奏不能缓和拖沓，要到张弛有度。

例如，系列电影《哈利·波特》故事开始所营造的氛围较为平和，随着剧情的深入，节奏慢慢变得紧张，之后又从紧张变得激烈。故事由慢到快的节奏，可以让观众有很强的代入感。

影片节奏的把控有时甚至会影响整个视频最终的播放效果。因此，要想把短视频的剪辑工作做好，准确把控节奏是很关键的因素。一部影片通常分为内部节奏和外部节奏，内部节奏包括故事结构、内容情节、剧中人物情感的变化等，是穿插整部影片的主线，而外部节奏则是指后期剪辑师创造出来的韵律。

对于短视频而言，大部分题材都只需要考虑外部节奏；对于一些微电影、情景剧之类的短视频而言，需要考虑到内部节奏。因此，剪辑师在节奏把控方面发挥着重要的作用。

二、明确风格走向

确定好短视频整体的节奏基调之后，就能构建出整个视频的风格走向。摄影师在前期拍摄短视频的过程中，总会想办法通过各种方式来靠近短视频摄像的风格。

因此，后期编辑首先要对短视频的整体风格加以规范和确定，形成完整的构思后，再对视频进行剪辑。剪辑必须在掌握编导创作目的、熟悉短视频的基础上，根据短视频的风格和形式，采用特定的剪辑手段。在短视频内容的风格确定后，短视频的整体风格就应该保持一致。

三、精准把握结构

多彩的生活为多样化的结构提供了可能，短视频的剪辑结构要做到内容流畅、严谨、过渡自然，并且尽可能新颖。只有在结构上做到独特新颖、风格鲜明，才能够引起“粉丝”的兴趣。

四、熟练运用镜头衔接手段

每个短视频在衔接上都会有空间或者时间上的转换，而转场剪辑的方式有动作转场剪辑、直接转场剪辑、音乐转场剪辑、特写转场剪辑、情绪转场剪辑、音效转场剪辑、对话转场剪辑和过渡特效转场剪辑，上面提到的转场剪辑方法中使用最多的就是直接转场。直接转场就是以转换时间、空间或情节的推进为手段，由上一部分直接转换到下一部分。

为了确保观众对内容的理解，在进行镜头衔接的时候，一定要符合逻辑关系，符合观众的思维逻辑和生活逻辑。同时，为了呈现出最好的效果，镜头衔接的方式要顺应视频内容情节的变化规律。

循序渐进是表现景色变化最常用的镜头衔接方法。在衔接过程中，逐渐缓慢地变化不同的镜头，使景色的变化更加流畅。常见的镜头衔接方法有动作衔接、队列衔接、黑白格衔接等。

镜头衔接手段的选择要按照短视频作者的创造意图，从短视频的内容和需要出发，在不脱离实际的基础上，进行适当的创新。无论采用什么方式进行镜头衔接，都应该注意镜头组接的时长、节奏、色调的统一程度等问题。

五、准确选择剪辑点

在确定剪辑点时，要注意短视频中人物的情绪以及人物声音的感染力。在视频剪辑中经常遇到的就是一些日常活动和动作。例如起坐、握手、走路和跑步。可以通过对这些画面进行剪辑加快视频节奏。例如出现一个打开门的镜头后，接下来可以衔接门内的景象。

六、重视视听感受

当剪辑到无声的视频片段时，要考虑到声音与视频结合之后的效果。

七、营造反差效果

在剪辑时运用反差对比的方式，比在短视频中刻意强调，更能让观众印象深刻。例如，想突出视频中天气的恶劣，可以插入天气晴好的部分进行对比，形成强烈的反差。

动作镜头的组接，有动接动、静接静、动接静以及静接动这几种形式。在剪辑时，以动作作为剪辑中心，一定要考虑画面的整体性，保持流畅性。为确保后期剪辑工作的顺利进行，主镜头必须是时间较长的素材。

第九章　短视频发布规则与技巧

短视频的发布看似简单，实则包含很多技巧和规则。比如视频标题的设计、发布时间的选择、发布频率的确定及发布顺序的排列等。掌握并理解这些技巧有助于我们的 15 秒作品快速上热门并获得平台更多的推荐。如果说短视频的内容运营是铺垫，那么视频的发布就是临门一脚，关键看这一脚怎么踢好。

第一节　短视频发布时间及频率

短视频发布时间及频率的选择对视频的完播率及效果有直接影响。想要做好短视频运营，必须学会调整短视频发布时间。

一、发布时间

根据调查数据，超六成的人刷短视频的时间会集中在吃饭及睡觉前后，同时约一成的人会在一些零碎的时间，比如赶路时，上厕所时刷短视频。

其实短视频最好的发布时间因视频内容而异，并没有统一的标准。一般来说，大家广泛认可的短视频发布时间集中在工作日中午 12 点，下午 6 时以及晚上 9 时—10 时，或者周五的晚上以及周末等比较闲散的时候。

那么何时是真正科学的短视频发布时间呢?

可以设想一下，当视频在某个时间段发布后，其精准用户群体恰好悠闲地打开短视频进行观看，这就是我们需要的状态。

例如鸡汤类、情感类的短视频在 21：00—23：00 发布是很适合的，因为这个时间段是情感的黄金高发期，此时段的人们在情绪方面是丰富的、是多愁善感的；而励志类、职场类的短视频，选择在早上 8：00—9：00 和中午 11：30—12：30 发布是合适的，因为这个时段的人们正处于精力充沛、斗志昂扬的状态，更容易产生共鸣。

总之，关于短视频发布时间，没有最好，只有最适合。短视频发布时间的确定需要从视频内容及用户群体需要多方面综合考虑。

二、发布频率

发布视频的频率在前期可以使更新频率维持在较高水平，如一天更新 1—2 次，待后期账号稳定后，可以变为一周更新 2—3 次。前提是一定要保证视频的质量。与此同时，视频尽量带有主题性和连载性，这样可以增加粉丝黏性，加快账号吸粉速度。

第二节 短视频发布格式

一、发布竖屏视频

发布竖屏视频是抖音官方推荐的，并且官方会给予相应流量支持。横屏视频上下都是黑色的，浏览体验很差，完播率低。所以不论是发布实拍视频还是图文视频，一定要保证是竖屏的视频。

二、视频画质要清晰

高清晰度视频有利于优质的流量推荐，低清晰度视频则容易导致官方不给予流量推荐。建议的分辨率是1080×1920，同样的视频内容，此分辨率官方给予的流量推荐最多。

当然，如果达不到这个分辨率要求，可以退而求其次，但是一定要保证视频和图片的宽高比都是9∶16。并且抖音需要升级到最新版本，视频画面无过度曝光、无过暗或卡顿现象。

三、视频的最佳时长15秒—30秒

抖音账号粉丝大于1000或者开通蓝V认证，就可以发1分钟时长的视频，但是这里我们不建议发这么长的视频，一般来说视频超过30秒，完播率就会大幅度下降，所以视频的时长最好控制在15秒到30秒。需注意的是，视频最短时间不要少于7秒，因为少于7秒的视频会被抖音系统认定为不完整或内容欠佳的作品，不给予推荐流量。图文视频建议使用六张图片组成视频，这最符合用户的观看体验需求。

第三节　短视频发布要素

一、统一元素风格的封面图

视频封面图是经常被大家忽略的重要元素，好的视频封面应该具有以下三个特点：

1. 清晰的视频标题，让人看到标题就知道视频要表达的主题内容是什么。
2. 提升账号的品牌调性，提升粉丝的视频点击率。
3. 经过精心整理排版的视频标题，统一元素风格，清晰明了。

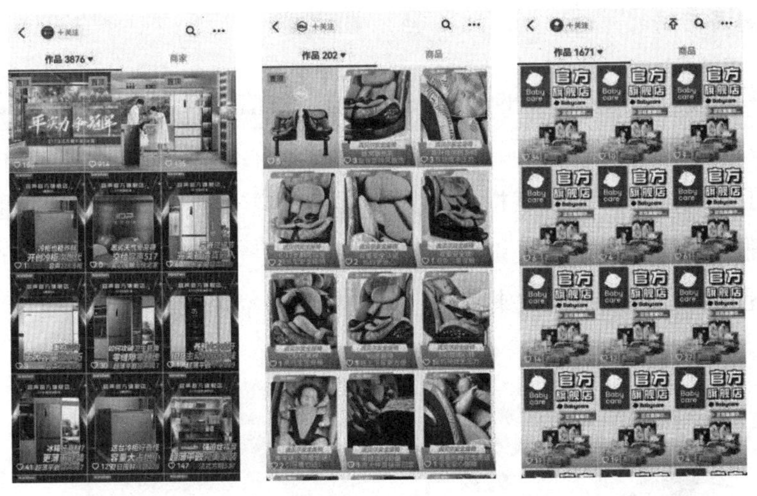

二、选择抖音热门音乐

视频的背景音乐尽可能选择热门音乐，但是音乐风格务必要和视频主题相符，避免出现视频和音乐搭配不协调的情况。

三、视频文字标题

文字标题可以自带引导作用，提升视频反馈度。视频介绍最好不要超过 30 字，最佳就是 15 字左右，一句话既包括了关键词布局，又包括了引导、互动、好奇等。

视频文字标题可以围绕三个导向：

（1）引导（引起争议或共鸣、评论、转发、点赞等）；（2）预告；（3）互动讨论（留一个小问题）特别注意这里的引导不能太直接，直接让点赞评论转发是不可以的，容易引起降权。

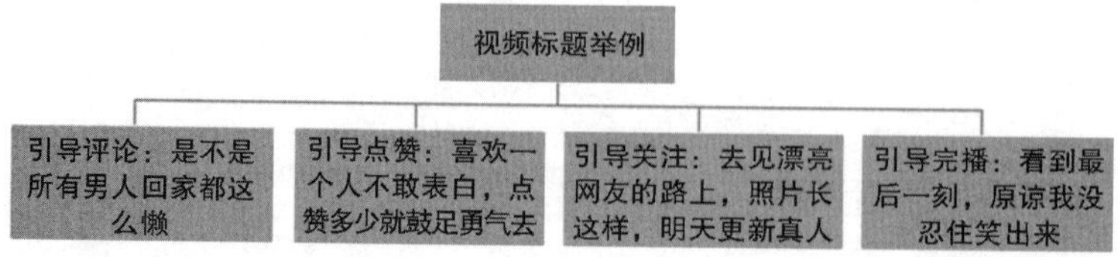

四、视频添加热门话题

发布视频可以带上 1—2 个热门话题，并且@该行业的“大 V”或者抖音小助手，会有一定的概率增加推荐量。视频发布选择好分类，并且加上相关标签。

五、关键词布局

抖音搜索是容易被大家忽略的一个重要渠道，目前做抖音运营的大多数都是半路出家，并不是互联网运营高手，他们不知道搜索能带来价值，只是一味地争夺视频推荐。

举个例子，我们在抖音搜索栏搜索男装批发，只有这么几个号，如果我们多注册一些抖音号都用男装作为昵称关键词，打造成矩阵号占领呢？虽然搜索流量没有视频推荐大，但是用抖音搜索引流进来的人，一定都是精准粉丝。

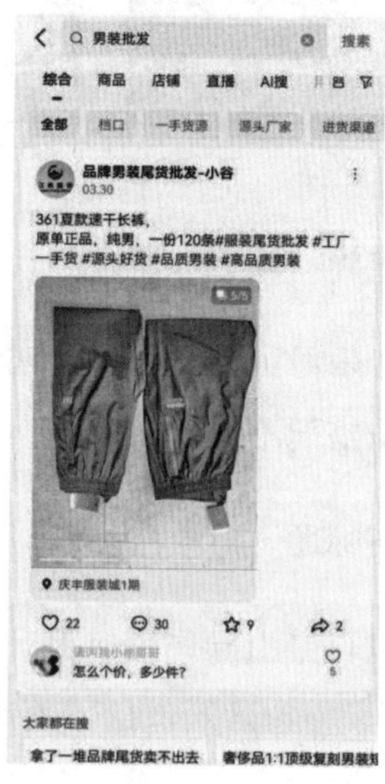

所以进行关键词布局，可以给我们带来大量精准的搜索流量（特别是针对矩阵运营的朋友），同时方便粉丝快速找到我们。

六、视频内容合规

最后一点是最基本的，务必要发布合规视频，不要有侥幸心理。抖音降权容易，养号难。视频不要带 logo，不要做明显的卖货引导，视频内容要符合抖音官方规范。

第十章　粉丝维护运营

粉丝是企业生存发展的基石，维护好粉丝，就等于为企业的发展打下了良好的基础。粉丝运营的本质，即产品与粉丝群之间的情绪管理，也可以称为这款产品的公共关系管理。运营人员以“管理员”虚拟角色和粉丝进行沟通，从而代言了产品形象。粉丝维护运营到位可以在为高端粉丝或群体粉丝提供客户服务的过程中，以较少的资源投入获得较高的情感附加值，从而极大地提高了粉丝的忠诚度，也提升了产品的品牌形象。

第一节　新媒体运营关键

在移动互联网迅猛发展并向二级细分市场深入渗透的大背景下，微信公众号对于今天的广大企业来说早已不再陌生。上至纵横全球的跨国公司，下至自产自销的网店店主都建立了属于自己的专属公众号，而中小企业的公众号更是数不胜数。然而奇怪的是，纵然有数量如此之多的企业公众号，但是其中真正在粉丝群体中产生巨大影响力并获得粉丝认可的“公众大号”却屈指可数。究其原因，是大部分的企业只是意识到了要组建企业公众号，而忽视了后续运营过程中应把握的关键环节。

俗话说：“鼓要打到点子上，笛要吹到眼子上。”既然掌握关键环节对于企业新媒体的发展成败如此重要，那么相关运营人员应该怎样做呢？从实践的角度来看，企业新媒体运营人员要把握经营中的关键，应当从以下三个方面着手：

一、和粉丝交朋友

正如雷军所说：“只有真正与粉丝成为朋友，才可以真正得到粉丝的喜爱和良好的口碑。”无论是微信固有的社交属性，还是当今社会体验性消费的发展大趋势，都要求广大企业通过官方公众号和粉丝交朋友。有很多企业公众号的运营者错误地认为，我的品牌响亮，我的产品过硬，所以粉丝应当主动来“求”我沟通，而我自己为了维护品牌形象和保持神秘感，应当和粉丝保持一定的距离，这是典型的传统企业营销的做派。

在纸媒和电视营销的时代，企业保持适当的“矜持”或许还可以激发粉丝的兴趣，但到了微信营销的时代，高高在上而不和粉丝交流的姿态只会让自己在消费者群体中越来越孤立。相反，只要广大企业能俯下身子，以交朋友的姿态与客户沟通，就可以在极短的时间内迅速激发粉丝的兴趣，获得粉丝的好感。在这方面，“芥末微报”可以说做出了有益的尝试。

“芥末微报”成立于 2015 年，目标人群为年轻人。现在，只要打开微信，使用“添加朋友”功能找到“芥末微报”的公众号，就可以看到其名称下面的一句话：“几个年轻人的生活和梦想。”这句话读来让人倍感亲切。在点击关注之后，“芥末微报”公众号又会第一时间弹出一段欢迎语：“20××年×月，你关注了我们，这件事对于你一定微不足道。可是你说会不会有那么一天，你真的喜欢上了芥末微报，喜欢上了这几个 20 多岁的人，想和他们一起做有趣的事情，欢迎你，奇怪而有趣的人。”这段话看上去更有温度，就好似一位挚友的问候一般。事实上，这种心照神交的感觉会伴随着粉丝对“芥末微报”公众号关注过程的始终：每天晚上十点多，“芥末微报”会准时发布一篇文章，主题多以心灵治愈为主，而此时往往是年轻人最孤独寂寞的时候。在编辑团队的设置方面，“芥末微报”更是做到了贴近年轻人，无论是马先生，还是鱼小姐，不管是朱先生，还是芥末学姐，这些编辑人员都是在现实生活中活泼好动、思维活跃的年轻人。为了和粉丝直接交流，“芥末微报”还创建了自己的专属社群——“奇怪星球”。该社群在年轻人中有着不小的影响力。

“芥末微报”在短短的几年内迅速成长为每年广告收入达到百万级的公众号。倘若深究其中的原因，“和粉丝交朋友”肯定是其中的首要因素，无论是最开始的公众号展示，还是日常的信息推送，粉丝都能在享受服务的过程中感受到朋友般的问候和温暖。这既是“芥末微报”把握住了“和粉丝交朋友”这个新媒体运营关键点的表现，同时也是其他企业公众号所应积极学习的经验。

二、向粉丝讲好话

和传统的电视、广播等新媒体交流格局固化，且主要由内容的发布者来主导不同，以微信公众号为代表的新媒体行业目前总体还处于摸索阶段，行业内并没有形成一套固化的交流机制，无论是这边内容的发布者——公众号编辑人员，还是对面内容的接收者——粉丝，都是具有相同话语权的沟通主体。所以为了能让粉丝对内容产生较大的兴趣，并认可相关人员对企业公众号新媒体的运营工作，企业必须在发布内容以及和客户交流的过程中说一些通俗易懂的话语，而不是将产品说明书和企业内部文件上的文字原封不动地抛给客户。

例如，以“知识分享”作为主要经营内容的公众号，应当在创作文章或解答粉丝疑问时把不为大众所知的专业术语转化成人们在日常生活中经常会用到的词语，把只有在实验室中才能模拟出来的景象和人们在日常生活中经常会遇到的现象联系在一起，从而更好地帮助粉丝理解。

从目前企业公众号领域内部的发展分化趋势来看，能够受到粉丝热烈追捧的企业公众号无一不在注意弱化自己在发布内容和对外交流时的专业性。那些标榜自己专业性很强的公众号往往会在运营中受限于自己过于复杂的理论知识，放不开手脚，最终没办法打开局面。而一些不怎么强调专业性的公众号由于思维的自由度较大，在日常运营中很可能会打破一些条条框框的限制，继而更务实也更富有创意地发布内容、融通外界。

广大新媒体运营人员在对相关微信公众号的日常运营中，应当积极践行互联网行业的“草根精神”，唯“接受度”是图，而不应唯“专业性”是图。只要能够为新媒体增加关注，只要能让粉丝赞同并喜爱，无论内容自身的专业性是否突出，都应当被纳入重点推送、重点宣传的考虑范围内。

三、帮粉丝下决定

企业通过官方公众号进行营销推广，看上去只是多获取几个人的关注，或是多加几位在线好友那么简单。但实际上要想真正让公众号的粉丝为企业创造价值，提高公众号的运营水平，还需要相关的新媒体运营人员在实际工作中有敢于出击、敢于为客户做决定的勇气。广大企业公众号运营人员要在运营过程中时刻牢记一点：抓住一切可以抓住的机会让客户为公司的产品或服务买单。因为只有不断地帮粉丝下决定才能在运营中主动带领客户，而不是碰运气似的消极等待。

例如，对于一个做书画收藏业务的微信公众号来说，其运营团队在向该领域的资深藏友和有收藏书画的潜在客户发送了书画界的最新资讯之后，就应当在第一时间试探这些粉丝的购买意向。对于有意购买的收藏者来说，与之沟通的公众号运营官应当明确告知：现在就可以购买。以便趁着粉丝对发布资讯尚有兴趣的时候购买与之相关的藏品。在完成了对客户购买意向的确认之后，相关的书画收藏微信公众号才应继续推送下一篇内容。

值得注意的是，无论是和粉丝交朋友，还是向粉丝讲好话，亦或是帮粉丝下决定，都是围绕着“粉丝”这个中心展开的。因此，相关企业公众号运营者应当在这三大关键的过程中时刻以粉丝为出发点和落脚点，这样才能让自己的日常运营纲举目张，同时让自己发布的内容阅读量猛增。

第二节 吸引粉丝的方法

在当今这个移动互联网络高度发达的时代，众多新媒体平台如雨后春笋般萌芽并发展起来。因此，如何从众多的新媒体平台中脱颖而出，吸引到更多的优质客户，就成为广大新媒体从业人员需要认真思考的问题。一般来说，新媒体平台想要吸引粉丝的关注，主要有以下六种方法：

一、营造稀缺感

说到营造稀缺感，想必所有人都深有体会。我们经常都可以看到某某电商平台推出限时降价、限量销售以及会员限额领取之类的活动，正如一句话所说的“物以稀为贵”，稀缺的东西总能给粉丝带来巨大的吸引力。

二、给予可炫耀的身份

人们通常都是这么认为的：不同寻常的身份可以享受到特殊的权益。例如一句“凡是参与本次活动的粉丝，即可尊享 VIP 权益”，这样能够让粉丝产生更强的荣誉感，从而让他们产生去秀、晒、炫耀自己的欲望，最终自发地把它分享到社交媒体上。

三、物质激励

有一种最直接有效的方法，那就是物质上的激励，它可以让粉丝主动参与进运营活动里面。最好的例子就是红包裂变营销（脉达传播数据平台），具体内容就是通过红包对粉丝产生吸引力，从而使粉丝主动打开活动页面，去分享、去传播，最终参与到营销活动当中。

对于那些想要扩大分享规模，提高活动影响力以及传播程度的活动，裂变红包就能够快速达到品牌宣传、店铺促销、活动吸粉这些效果。

而且裂变红包还可以对各类参数进行设置，其中就包括红包发放条件的地理位置、微信性别、阅读量等；还有红包金额、领取数量、裂变之后红包的持续时间等数值，都是可以进行设置的。获取可以通过推文、海报等渠道，通过这类形式可以让粉丝更加深入到品牌活动之中。

四、设计可能的好运

和买彩票这种可能性事件一样，人们通常都会希望自己可以碰到好的事情，拥有好的运气，因此一定概率的可能性事件，对粉丝来说有着非常大的吸引力。

比如许多的筛选选拔、好友助力，以及抽奖活动等，它们本质上都是对粉丝有着巨大吸引力的可能性事件，即粉丝可能通过参与该事件而获得某些好处。在不会产生任何损失的情况下，粉丝通常都会选择去尝试一下，心存一丝侥幸，也许“天上的馅饼”就恰巧可以落在自己身上。

在设计可能性事件的规则时，也是需要注意一下技巧的，得奖的概率相对要大，让粉丝可以真实地获得，这样更具说服力。

五、营造竞争感

有一个现成的例子，那就是在 Keep 里边，粉丝个人中心的等级中，可以看到和当前粉丝同等级的人数，比如现在这个等级有 154 392 人，而更高一个等级只有 85 188 人。那么每当粉丝看到更高一个等级比当前等级少了近一半人时，就会激励自己努力成为这更高等级中的一员。

同时，那些微信步数排行榜之类的，以及主播之间打赏数量等，都是竞争感在发挥作用，是竞争感在驱动着粉丝主动参与到各种活动当中。

六、打造 KOL

许多的社区都会培养出一个关键意见领袖，简称 KOL，这样做的目的是让那些高质量的粉丝感受到被尊重、被重视，让他们的自我价值可以体现出来，最终自愿地产出更多的内容，为平台进行免费的口碑传播。

所以，需要找出你的粉丝之中的 KOL，让这些 KOL 成为你的目标粉丝的代表，从而吸引更多目标粉丝。

通过以上六种方法，相信能够使新媒体平台吸引到更多的优质客户，助力企业的新媒体运营。

第三节　粉丝运营三要素

直接与粉丝接触的人通常被称为粉丝运营人员。一般来说，所有的运营工作内容都是一样的，从吸引新的粉丝关注，到增加他们的活跃度，直到最后进行转化。

通常我们所知道的后台客服人员、微信群的管理员以及从公众号衍生出来的个人号，他们都属于粉丝运营。要想做好粉丝运营的工作，必须做好三点：了解目标人群，清楚粉丝的生命周期，与粉丝建立关系。

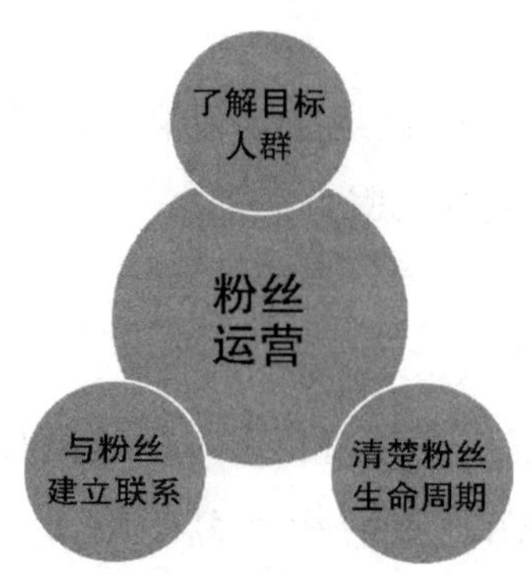

一、了解目标人群

建立粉丝画像，这是粉丝运营工作的第一步。要想建立粉丝画像，需要有大量的数据支撑，共分为两个维度，一个是粉丝属性，另一个是粉丝行为。一个粉丝的性别、年龄、地域、学历、收入、职业等信息，都属于粉丝属性。粉丝的性别往往决定着公众号的调性，也就分为理性和感性两种。例如：一个公众号如果80%的粉丝都是女性，那么它的调性一定是感性的。因此公众号的选题、行文、排版、语气等都要做到感性。直男喜欢的那些内容，她们看都不看。除了这些，公众号还要和粉丝进行适当的沟通，要注意粉丝的年龄，根据年龄选择相应的内容。而且粉丝要是有线下方面的需求，粉丝地域数据也可以为企业提供一个重要的参考指标。

同时，粉丝的学历、职业和收入情况也是内容变现的一个重要参考。大致上讲，粉丝的知识水平越高，相应的付费能力也就越强，但同时对内容也就越挑剔，这就需要打造优质的内容。反过来，假如目标粉丝的文化水平不高，哪怕内容做得一般，也能收获不错的传播及裂变效果。高质量的内容不是随随便便就能做出来的，最好把更多的精力放在其他方面的优化上。

公众号上会发生的粉丝行为，大概有阅读、消息的发送、关注、菜单栏的点击、取消关注、收藏、转发、点赞、打赏、分享到朋友圈、点击阅读原文、分享公众号名片等。其中还有一对一的互动以及群互动，这些都属于粉丝行为。不过，这些暂时用不到。收集粉丝行为数据的目的就是要给粉丝贴标签。

贴标签的第一步就是要给粉丝分类，在这一步要弄清粉丝的结构。粉丝结构一般都是根据年龄或兴趣来划分的。当然，不同的账号，划分人群结构的标准也是不同的。在给粉丝分完类之后，接下来就是要依照粉丝的行为数据，为每一个细分出来的粉丝类别贴上标签。这样的行为在公众号上主要表现为选题、标题的关键词。比如说要做一个母婴号，在前期整理出这样一份粉丝标签清单就显得尤为重要。粉丝最关心的那些问题，就是以后要做的选题。至于那些关于电商、购买转换率之类的粉丝数据，在普通人看来会比较复杂，就不举例说明了。只需要了解到一点，粉丝画像并不是粉丝周围围着一堆数据的图表，它并不是那么的死板，但它对于你“排兵布阵，纵横沙场”可以起到指导作用。

二、清楚粉丝的生命周期

关于微信公众号的运营，有一个“三个月魔咒”。具体来讲，就是一个微信粉丝从关注一个公众号到取关这个公众号或者是再也不打开它，通常只需要经历三个月的时间。这也就意味着，微信公众号在这段时间内如果不能吸引粉丝的关注，那么三个月过后，也就永远地失去他了。

因此，了解一个粉丝的生命周期，以及转化、变现的步骤设置，在这里显得尤为重要。为了帮助粉丝更好地将生命周期延续下去，就需要为他扫清障碍，甚至设置一些陷阱。这就需要了解每个阶段的工作内容，现在的工作重点是什么，哪些事情要放到未来去做，等等。

对粉丝的生命周期有了全面的了解之后，就需要围绕粉丝的生命周期，设置一条成长路径，以解决粉丝在不同阶段会遇到的不同问题。你能为粉丝带来价值，粉丝也会给你带来回报。当你针对粉丝会遇到的那些问题，提出了许多解决方案，设计出了一条完美的粉丝成长路径之后，并不意味着就结束了，还需要每个运营人员进行配合，一起来帮助粉丝解决问题。

三、与粉丝建立关系

“商业的本质就是关系”，英文叫作“Businessis relation ship”。其实对于粉丝运营人员来说，与粉丝建立关系也是极为重要的。关注你的粉丝人数，就是一个最为直观的指标。

许多拥有微信大号的运营者都没意识到一个重要的问题，那就是收集大量粉丝的微信号，对于今后的发展会起到非常关键的作用。

在账号创立之初就需要将它纳入计划当中，这是为了以后考虑。至少要导入公众号10%的粉丝到自己的个人微信上。乍一看似乎比较难操作，但只需要每天做一点，执行起来并不难。

牢记粉丝运营的三要素，并将其应用到实际的运营工作中，相信会对你的新媒体运营工作大有裨益。

第四节 依附各大平台开展粉丝运营

互联网行业是一个高度垄断注意力的行业，所以大多数的企业都要依附于大平台。企业想要生存下去，都得走出这一步。在这方面，爱彼迎无疑率先做出了有益的尝试。

爱彼迎是一家联系旅游人士和家有空房出租的房主的服务型网站，它可以为粉丝提供多样的住宿信息。爱彼迎成立于2008年8月，总部设在美国加州旧金山市。爱彼迎是一个旅行房屋租赁社区，粉丝可通过网络或手机应用程序发布、搜索度假房屋租赁信息并完成在线预订程序。

据官网发布的信息以及媒体报道，其社区平台在191个国家，650 000个城市为旅行者提供数以百万计的独特入住选择，不管是公寓、别墅、城堡还是树屋。爱彼迎被《时代周刊》称为“住房中的E—Bay”。

但是，在爱彼迎成立之初，拥有着海量粉丝基数的克雷格列表无疑令人心生向往。

什么是克雷格列表？它是一个关于生活分类的网站，跟58同城有点像。1995年，克雷格创立了这个免费分类广告的大型网站。虽然网站上的各种生活信息都是用文字密密麻麻地标注，但它依然是美国人最喜欢的网站之一。

爱彼迎的三位创始人都清楚，现有的粉丝数量决定着他们所提供的订房服务是否能被潜在粉丝选择。

供方要发布信息，往往会选择那些潜在消费者最多的平台。同时消费者们也会倾向于在那些拥有着充足货品的市场下单。因此爱彼迎想要从克雷格列表引流，以此作为基础粉丝的来源。

于是爱彼迎的工程师开发出了一个功能，能将粉丝在爱彼迎发布的信息同步到克雷格列表的网页上。具体流程如下：粉丝成功发布了信息之后，电子邮箱会收到一封邮件，告知粉丝如果将信息发布到克雷格列表上，每个月可以增加大约500美元的收入，只需点击一个链接，就可轻松完成。通常粉丝都会选择点击链接，这还能为他们省去多次发布同样信息的麻烦。然后爱彼迎的人工智能会执行一系列操作，在拷贝粉丝内容的基础上，还会对内容进行一些加工，比如说输入当前所在的地理位置信息，还有将内容放在克雷格列表里合适的分类下。爱彼迎的这次技术运营为其带来了丰厚的回报，许许多多的粉丝通过克雷格列表来到了他们的网站，他们在网站上注册了账号，网站上的信息也因此越来越多；还有许多原本是在克雷格列表发布信息的粉丝，也都转投爱彼迎的怀抱，因为在这个网站发布信息，最终也会出现在克雷格列表上；而原本的粉丝会变得更加依赖爱彼迎，因为在这里他们还能获得更多的收入。

爱彼迎在克雷格列表上还有一些特殊的操作，比如他们会利用克雷格列表的电子邮件通知系统来为自己打广告。爱彼迎会时刻检测每一条发布到克雷格列表上的招租信息，他们会模拟客户给屋主“留言”，目的是推荐自己的服务。

于是，克雷格列表的邮件通知系统就会向屋主发送这样一封电子邮件，内容如下：您发布的这则招租信息中的房间我非常喜欢，您可以试着把它发布到爱彼迎上，这样您每个月可以获得超过300万次的页面浏览量。

比起之前的技术运营，爱彼迎这样发送垃圾邮件的操作，显得有点降档次，但却让早期的爱彼迎，凭借着几乎零成本的优势快速成长了起来。不过这样的操作很快就被克雷格列表发现了，立即展开行动将其封杀。

但不可否认的是，爱彼迎这种在没有资金做宣传的情况下，凭借着技术手段分享对手现有资源的做法，不失为一种攀附大平台的低成本扩张策略。但寄生在大平台之下，终究不是个长久之计。无论规模如何，还是要尽早搭建属于自己的平台。

爱彼迎在失去了克雷格列表这个“宿主”之后，其粉丝数量仍呈现出惊人的增长趋势。爱彼迎在2014年5月至2015年5月，仅用了一年的时间，就将粉丝的数量从原来的1500万，提升到了3500万。到2015年夏季，全世界已经有接近1700万人使用过这个点对点借宿平台。在过去的几年里，爱彼迎夏季的租客数量达到了原来的353倍。

谁能想到，这个在2008年夏天推出时只接待了三名租客的平台，几年后能达到这种成就。

爱彼迎于2015年7月在官网发布了一篇文章，解释了公司的Referral系统是如何搭建与运营的，正是得益于这个系统，网站每天新注册的粉丝人数以及下单量增加了300%。

让已经注册的粉丝邀请朋友前来注册，是很多网站以及软件常用的一种增加粉丝人数的方式。可爱彼迎的发展过于迅猛，它的邀请系统不足以支撑它充分的利用现有的粉丝和数据资源，而且只有网页端能使用邀请功能，移动手机端作为它的重要阵地，却存在缺陷。基于这种情况，爱彼迎的工程师开始对邀请系统进行全方位的改造。

通过依附大平台，爱彼迎的粉丝量得以迅猛增长。这也为其他企业进行粉丝运营提供了新的思路，值得广大新媒体运营人员深入思考。

第五节　给“死忠粉”更多福利

为什么要给予“死忠粉”更多福利?

因为人的交际是分圈子和分优先级的。即使有 10 000 个人对你抱有一点儿喜欢，也比不上哪怕 100 个人爱你。

小米的论坛刚刚建立的时候非常的粗糙，因为他们后台唯一一个工程师将开源论坛的代码简单配置后，就让论坛在 2010 年 8 月上线了。第 1 个月，在论坛注册的粉丝总共只有 100 多人，不过这 100 多人的种子粉丝却构成了小米论坛的基本盘。

小米在对粉丝进行管理的时候，做出了一个微创新，那就是 F 码。这里的 F 来源于英文单词“便宜”的首字母，目的是让小米的死忠粉们在未来能够第一时间体验到他们的产品。这就是所谓的“死忠粉”优先。F 码其实也是朋友邀请码，英文写作 FriendCode。小米还为这个 F 码特意开发了后台系统，小米的粉丝可以通过这个系统领取到 F 码，然后到小米的电商平台优先购买他们的产品。

在这之后有一些企业开始跟风，但是却学不到其中精髓，效果非常不理想。

最初是为了让“死忠粉”优先，才创造出 F 码。没有理解“死忠粉”这层关系，就去发放什么码，是培养不出粉丝与企业的这种黏性的。要真真切切提高粉丝的参与感，就必须设置粉丝特权。在保留住基本盘的基础上，其他的一切自然会慢慢有的。

广义上我们所说的粉丝一般指的是关注数量，那么对微信公众号这种新媒体来说，什么才是“死忠粉”? 只是订阅账号，但却不打开文章的叫作路人。订阅了账号，但只是偶尔看看文章，却不留言的，我们称其为观察者。经常查看文章，同时也经常留言互动的，才能被称作关注者。经常查看文章，而且还愿意为之赞赏付费的，是追随者。经常赞赏，还添加了私人微信，甚至愿意付费购买你提供的服务，这是真粉丝。会花费大量的金钱购买你的服务，同时还会进行线下交流的，这是“铁粉”。会主动为你做推广，而且非常推崇你的产品、服务以及观点的，这才是“死忠粉”。

那么对于一个产品而言，怎样才算“死忠粉”? 一个问题就可以见分晓：他会有多大程度主动向他身边的亲戚朋友推荐你的产品? 分数从 0—10，0 分是完全不可能去推荐，10 分是百分百会推荐。只有达到 9 分或 10 分的才算是“死忠粉”。而对产品进行褒贬，那是真买家才会有的行为。在进行调查时，不要担心有埋怨，这是买家希望产品能够得到改进。

100个“死忠粉”每个至少能吸引三个“铁粉”，而300个铁粉就能吸引来将近1万个“墙头草”。在此基础上就能够进行“种群繁衍”了。种群开始繁衍之后，就能够保证新增“粉丝”速度远远超过掉粉的速度，产品就能够在市场上占有一席之地，找到自己赖以生存的基础。

所以，你看那些网络红人，哪怕他们的社交媒体账号被清理了十几次，仍能在近百粉丝的簇拥下“重生”，紧接着在很短的时间内又聚集起上万的粉丝。这种人在网络上的生命力，甚至比那些坐拥上千万粉丝的明星更加强大。

由此可见，在新媒体时代，“死忠粉”的力量是极其强悍的。如果能够拥有一批“死忠粉”，那么对于品牌的运营来说将起到事半功倍的效果，因此，给“死忠粉”更多福利，吸引更多的“死忠粉”，成为做好新媒体运营必不可少的一个步骤。

但是还有一个关于粉丝质量的悖论，你要想拥有足够多的“死忠粉”，必须要先有一个庞大的追随者基数。

第十一章　瞄准调性

用户所谓的品牌调性，说得通俗一些就是品牌的外在表现形成的市场印象，是消费者对品牌的看法或感觉，等同于人的性格。调性对品牌成败的影响程度远远超出常人的想象，但它不能违背品牌属性，只有合适的才是最好的。否则，这个品牌就很难走远，这是自由市场的潜规则。

第一节 媒体化专业领域

伴随网络的快速发展，如今的社会已经开始向媒体化转变，人们无论是发布信息还是获取信息，无论是个人决策还是商业决策，几乎都离不开媒体。媒体化是整个商业市场的大势所趋。移动互联网技术使整个内容工业的生态得到重构，信息传播效率有了翻天覆地的变化。在这种社会大背景下，即使一个非常小众的受众群体也蕴含着巨大的商业机会。移动互联网时代，每个人都可以成为媒体人。

随着人们生活水平的显著提高，消费需求也在潜移默化地改变着，越来越多的人开始关注自己的个性化需求，追求高品质。在这样的社会背景下，传统的短视频平台遇到挑战，特定领域的视频内容增长迅速。短视频生产机构视知传媒创始人兼 CEO（首席执行官）马昌博曾经表示："未来单纯靠娱乐吸引用户的短视频平台会陷入困境，而致力于发布有用信息、提供专门知识、帮助解决问题，最终为用户节省时间的优质短视频平台会异军突起。"

随着短视频行业的快速发展和行业竞争的加剧，短视频产品愈加丰富，只有更精准、更深入的视频内容才能得到大众的青睐。所以，更强调视频内容细分和视频内容专业化的短视频新媒体被认为是网络媒体的未来。

短视频新媒体制作流程并不复杂，内容也并不需要像电视台一样包罗万象，这就要求短视频创作者必须专注于自己所做的视频内容，把有限的资源集中在某些特定的领域或某种特定的需求。量身定制的短视频内容更容易开创新领域，抢占消费者，因为只要你的视频满足了一部分人的需求，就一定能够得到这部分人的关注和认可，从而带来流量和用户，实现变现。

在专注内容方面，企鹅团的创始人王胜寒的表现无疑是较为鲜明的。王胜寒专注于研究红酒文化，《醉鹅红酒日常》系列视频，讲述了如何醒酒，如何分辨酒的种类，如何做好酒和餐的搭配等关于红酒的知识。目前，这个视频已经成为国内颇具影响力的脱口秀。基于这个视频，王胜寒在新媒体平台也获得了一百多万粉丝，《醉鹅红酒日常》也成为很多葡萄酒学校的准教材，而王胜寒也成为红酒界的启蒙老师。

那么，如何才能更好地专注于自己所做的视频内容，成功吸粉呢？

一、找准定位，确定内容方向

短视频表现的形式多种多样，覆盖领域也比较广。对短视频内容创业者来说，定位是一件非常重要的事。一开始就定位好视频内容，认准一个点去深耕细作，不仅容易得到粉丝认可，而且吸引到的粉丝也会更加精准，后期可以结合的商业模式就更加丰富。美拍是美图秀秀出品的短视频社区之一。美拍爆红的最大原因就是以拍出优质视频为市场定位，根据女性爱美的天性，针对女性需求，找准市场，打破吉尼斯纪录，成为国内举足轻重的短视频社区。

可以说，精准的定位是美拍取得成功非常重要的一步。相反，如果没做好视频内容定位，就很难吸引粉丝订阅。即使一开始吸到了粉丝，后期还是难以转化。比如你做一个厨艺展示的短视频，却没有做好视频内容定位，每天都发布卖房信息显然是不合适的。

二、要有自己的特色

所谓的特色就是与众不同的地方。这就像是一道菜，只有具备独特的味道，并且能满足大众味蕾的需求，才能得到大众的持续喜爱。短视频也是如此，只有保留自己的特色，发挥自己的优势，才能够更好地竞争。

再比如"深夜谈吃"，这是一个专注研究美食的视频公众号，虽然做美食的视频数不胜数，但是它却将美食与文化结合起来，做出了属于自己的特色，并且及时更新，选择在非常有诱惑力的晚上十点准时推送，成功吸引了大众的胃和好奇心，很快成为美食类视频的翘楚。这就是一种特色文化。

在笔者看来，特色甚至要比专业性更重要一些。毕竟大众在短视频内容上并不过多追求知识深度，他们关注的往往是热点与专业结合的东西。从这个角度上说，有意思的视频更具发展潜力。

三、要有新鲜感

保证视频内容的新鲜感，这是为了让信息更有时效性和新鲜度。在这一点上，短视频的内容，一定要做到让人眼前一亮，第一眼的感觉是非常重要的。这不仅仅是内容的新鲜度，也需要把握拍摄的技巧。同时，也需要讲究内容的包装。当然新颖的包装形式也是需要的。比如，微电影也是非常好的形式。随着短视频的发展，形式上的包装发挥的作用将不可小觑。

四、保持敏感度

社会上有着各种各样的热点话题，有热点就有关注，这也是短视频的发挥余地。这需要短视频创作者有敏锐的眼光，及时关注、深度挖掘热点话题。对于社会热点，每一个人都会有自己的评判标准。但是很多情况下，很多人会越过道德的边缘妄加议论，这是不道德的，所以对于内容上的热点，短视频企业需要理智地对待社会热点，用更加理性的态度来正确引导舆论，这也是社会责任感的体现。

五、持续创新，不能重复

短视频内容要及时更新，我们要保证每一节视频内容都不重复。如果重复，大众感觉视频内容不新鲜，不仅没有再看下去的欲望，对短视频的印象也会大打折扣，甚至还会不再关注我们后期推送的其他视频。

这方面，一条做得很不错，基本能够保障每天至少推送出一条原创生活短视频，内容从来不重复，每天都给用户耳目一新的感觉。当然，视频内容创新也有利于吸引大众，稳定粉丝。

六、要提供思想性的视频

这是非常重要的一点，生活需要娱乐，更需要智慧。有思想有高度的视频能够更有效地吸引大众眼球，增加粉丝黏度。不过，偶尔也需要提供一些服务性的内容，比如帮助大众解决一些实质性的问题。现在的网民知识水平都很高，知识共享是非常有吸引力的。比如，如果有的粉丝发现自己关注的短视频节目出现了常识性错误，肯定会提出质疑，降低忠诚度，也有可能立刻取消关注。

做好视频内容定位，在擅长的领域做到专业，专注一个领域把它发挥到极致，从而满足特定用户的需求。有需求就会有供给。从而给短视频创业者更多的机会，只要短视频的内容满足了一部分人的需求，就一定能够得到这部分人的认可，从而带来流量和用户，实现变现，带动短视频行业的可持续发展。

第二节　模板化图文包装

在短视频内容生产方面，我们需要考虑如何让视频画面变得受观众喜爱，这就涉及对短视频图文内容进行包装的问题，一个短视频栏目要想受到观众的关注，除了需要持续不断地输出优质内容，还需要做好图文包装，让观众有好的观看体验。

精致的图文包装能够为短视频内容锦上添花。观众可能会被短视频优质的内容所吸引，也可能因为视频的后期包装而增加关注。因此，对短视频的图文包装也是不可忽略的一个环节。

图文包装是很多短视频栏目后期制作的一个过程，为保证视频整体效果的统一，我们在后期对图文进行包装的时候也应该做到合理规范，那么具体应该怎么做呢？

一、把握好整体结构

图文部分的包装，甚至包括对视频片头片尾的包装，我们都需要形成一套方案，要让整个视频内容形成一体。这就需要把握好短视频内容的整体结构，而对视频结构的把握主要包括内容的完整性、流畅性、严谨性、新颖性。

首先，在内容上要保证完整统一，图文包装一定要符合整个视频的风格。避免出现短视频前后风格不统一的情况。其次，还应该注意，添加图文信息一定要和视频内容自然过渡，不要对图文内容进行牵强附会的包装。

当然，在保证图文包装合理性的基础上，我们也应该突破固有的模式，让我们的包装形式更加独特、新颖，为观众营造出更优质的视觉效果，从而引起观众的兴趣。

二、简洁醒目

简洁醒目是我们做短视频图文包装的基本要求，图文在视频中的核心作用在于对内容的辅助性表达。而在动态的视频画面中，图文出现的时间是较为短暂的，同时在画面上的显示面积也是有限的。

因此，后期对图文进行包装时一定要做到简洁醒目，要让观众可以快速轻松地获得相关的信息，这也是提高观众观看体验的一种方式。而过于复杂冗长的图文信息，会在很大程度上降低短视频的视觉效果，从而影响观众观看体验。

除此之外，我们在后期对短视频进行图文包装时，一定要注意包装频次不能太多。短视频本身的播放时间不长，不要让后期的图文包装掩盖住优质的视频内容，这样容易让观众分不清主次。包装要适当，不要让短视频看起来花里胡哨，要将后期包装的侧重点更多地放在对视频细节的处理上。

三、形成独特风格

图文包装是为了使整个短视频更加完美、美观和更具有吸引力。所谓的风格，就是我们需要对添加的图文内容有一个整体的构思。图文内容体现了我们对视频播放中每一个画面的理解。由于短视频种类繁多，因此我们在进行图文包装时，一定要形成一套自己的风格。

图文包装风格一定要根据短视频栏目的类型、内容、定位等方面进行考虑。一旦风格确定了，就要保证前后一致，毕竟图文是需要贯穿整个短视频的。

魔力 TV 旗下的造物集，就一直沿用明亮、日式小清新的风格。风格的选择和栏目的定位以及视频内容都十分吻合，为观众创造出素雅、安静的画面效果。整个短视频前后风格都趋于一致。因此视频整体的画面效果不会显得过于突兀，同时还极大地优化了观众的观看体验。

造物集在图文包装上形成了自己特有的风格并且延续到每一期节目中的这种做法不仅有利于形成自己的标签，同时还增加了栏目的辨识度，加深了观众的印象。

面对短视频领域不断的专业化和市场化，打造自有品牌的意义变得更重大。要打造出强势的品牌，就需要以一套独立风格和不可复制的图文包装为基础。

四、开放式图文包装

我们需要形成一套完整的图文包装，但并不意味着这套包装就是封闭的。面对短视频市场环境的瞬息万变，我们需要一套开放式的，适合短视频持续发展的图文包装。只有开放式的包装才能在短视频栏目不断发展的同时增添更多新鲜的内容。不要让形成的图文包装体系束缚了短视频栏目的发展，而是要让图文包装设计融入我们的短视频栏目。即使面对栏目新的变化方式，图文包装设计也可以始终贯穿和延续下去。

短视频进行图文包装有助于突出栏目的个性和特征，能增加观众对栏目的识别能力。在同质化的环境下，除了在内容上要更加新颖、有创新，在图文包装上也要风格独立，这也是区别于其他栏目的一种方式。因此，我们需要形成一套自己的图文包装风格。让图文包装不断地模块化，使包装形式成为短视频栏目的有机组成部分，这样更有助于我们的可持续性发展。需要强调的是，图文包装只是为短视频起到点缀的作用，真正吸引观众的还是短视频的内容，好内容才是留住观众的关键。

第三节 联合化选题创意

对于短视频创作者来讲，选题是核心。所谓选题，就是要做一个什么样的题材。在内容运营阶段，视频团队的发展和生存主要依赖于不断地推送优质内容的片子。有创意的选题实际上是一个视频团队发展思路和盈利模式的创新，同时也是一个视频团队提高竞争力的关键环节。各个短视频栏目，只有不断创新推出新颖、有特色的内容，才能从同质化严重的行业市场中脱颖而出，并向着更好的方向发展。

对于很多内容创作者来说，以内容为王的关键就是要有个性化的形象，这也是短视频创作最困难的一部分。在短视频的激战中，领先栏目早就已经掌握大部分的流量和用户，而后期的团队就只能望洋兴叹了。在竞争越来越激烈的情况下，多个栏目团队同时追求一个热点事件，使得很多选题已经不再新颖。

那么在短视频的选题上，我们具体应该怎么做，才能更具有创意呢？

一、选题场景化

场景指的是在某一具体的情景中，大部分人都会有相同的行为反应。无论是运营具体产品还是做内容运营，本质上都是为了满足观众的需求或解决观众难题。而观众的需求都是存在于现实生活场景中的，它们都是观众天然的痛点。

因此，场景化的选题能够直击观众痛点，挖掘出观众最真实的需求。这样一来，我们创作的短视频内容就更容易引起观众的共鸣，受到观众喜爱。

短视频做好选题场景化，就需要将观众观看短视频时的场景依次罗列出来，根据不同场景挖掘出观众相对应的需求，最后根据这些需求进行视频内容的策划。这样就能让短视频内容和观众之间关联起来，从而更好地满足观众的需求。

我们可以简单地将选题场景划分为以下三种类型：

1. 观众感兴趣的场景

为短视频做选题，可以选择大部分观众都感兴趣的场景，这些场景虽然不是观众们的亲身体验，但是同样对观众有很强的吸引力。就以东北猫发过的一个短视频为例，这期的短视频内容就很受观众的喜爱。

大部分家庭里都会有猫、狗等各种宠物，他们总是会为主人带来欢笑与温馨。当大家一看到“猫咪抱着一沓钱死活不撒手，太可爱了”这个标题，都会不由自主地点开这个视频看一看，看看和自己家的宠物有没有相似之处，或者就是觉得很好玩。而选题的明确，也可以让观看者在看到题目时就会脑补画面，这就是选题场景化的表现。

像这样的短视频发布者，有着合适的短视频题材，就很能引起观众的注意。这种有着明确主题的短视频题材，会让观众有代入感，能够引起观众极大的兴趣。

2. 重现观众体验过的场景

短视频创作者在做选题时，可以选择一些观众经常会遇到的、经常体验的真实场景。

结账抹零是我们生活中经常遇到的场景，除了吃饭，很多消费场景都会遇到抹零的情况，这样的短视频选题就是观众最真实的场景再现。

短视频以观众经常体验的场景作为选题，能吸引大量的观众打开。同样的场景是很多观众都有过的体验，但是每个人的行为反应和解决方式都是不同的，当观众面对这些高频场景时，通常都有点开看看他人会有什么样反应的冲动。因此，这种类型的场景化选题，也很受观众喜爱。

3. 引起共鸣的隐晦场景

这类场景在观众生活中出现的概率并不高，但对观众有很强的吸引力，能快速引起短视频和观众之间的情感共鸣，这样的选题就属于低频场景。简而言之，这类场景很容易击中观众的痛点。

例如，“对于前任留下的‘遗物’，我们该怎么处理”“女生被分手，都会伤心吗”等，这类选题并不是经常出现的场景，却是很容易触动观众，可以轻而易举地引起共鸣。

总之，场景化的选题一定要根据不同的场景罗列出观众的需求。唯有如此，才能针对不同的场景去收集和寻找内容素材，才能保证短视频内容质量的准确性。

二、个性选题

突出个性也是短视频选题的创意表现，观看同一个短视频的观众，他们的需求、特点、喜好都存在着较大的差异性。对于短视频而言，当我们满足的观众越多时，我们就会获得更多的好处，这些好处主要体现在短视频栏目的粉丝数量和知名度等方面。而要满足如此大数量观众的需求，就要先将观众进行细分，从而根据不同类型的观众提供个性化的内容。

三、多角度思考

面对同一个话题、同一个事件，大家都从同一个角度去进行短视频内容创作，就很难引发观众的兴趣。而要做创意选题，就需要对同一个话题或同一个热点有独特角度，选择区别于大多数人的角度进行创作。

对于很多已经被选择过的短视频选题，如果我们没有足够把握从一个新视角出发进行创造，就不要再考虑继续创作，只有新鲜的事物才能刺激观众打开的欲望。因此，针对同一个事物，在做选题时可以发挥团队中每个人的潜能进行思考，不同的人看待同一件事情的角度往往不同。头脑风暴，能帮助我们从多角度思考，找到有创意的短视频选题。

四、与观众互动

短视频要做好创意选题，和观众之间的互动也是不可忽视的。能够引起观众积极互动的选题，流量自然也不会太低。就以美食类的短视频为例，当我们教观众做一道复杂的菜后，观众只会夸赞这道菜很美观有食欲，却不会跟着一起做。相反，使用普通的原材料，制作过程不太复杂就能做出精美菜肴，几分钟就能引起与用户的互动，更容易让观众尝试，亲自动手制作。因此，短视频选题一定不要忽略和观众之间的互动，互动高的视频选题才是观众喜爱的。不要妄想一个选题的点击量，高点击量的短视频背后，往往是内容创作者的精挑细选。找到更精准的、更有创意的短视频选题，才是创造优质内容的首要工作。

第四节　算法化用户分析

随着经济的飞速发展和科学技术的进步，我们逐渐进入大数据时代。身处这个时代，短视频新媒体运营者不能只把大数据当成茶余饭后的谈资，也不能只把它当作对未来的企划，大数据应该是当下必须把握住的战略级技术。无论是从新媒体运营的角度还是从观众的视角看大数据时代，新媒体运营者都应该靠大数据来提高新媒体运营的效率。

总而言之，大数据时代的到来，让短视频充满了无限可能。短视频新媒体是诞生于互联网的新兴产物，从它的社交特征中可以提取出大数据应用必须具备的两个特点，那就是增加观众和社群黏性。

人是社交动物，而且社交属性极强，从出生到死亡都会处在某种社群之中。比如在一个小区之中，大人多是待在家中休闲娱乐或做家务，小孩则多会跑到小区空旷地带玩耍，他们便形成了两个截然不同的社群。

随着互联网的兴起，社群的建立跨越了时空的障碍，其构成也变得越来越复杂，对于短视频营销的目标观众来说，他们也是一个社群。

可是，短视频营销中如何才能科学地认识自己的观众社群并且提高短视频新媒体和观众社群之间的黏性呢？这可并不是件容易的事。

首先，新媒体运营者不能对短视频观众做到实时跟踪。从静态来看，短视频观众社群的人数庞大，不同社群的不同观众对短视频的观看习惯和喜好类型都各不相同。哪怕是彼此兴趣相似度极高的观众之间，在实际接触同样的短视频内容时，也会在具体行为上表现出些许不同。

其次，同样的社群里，观众对短视频的欣赏习惯和偏好也在时刻发生着变化，这是站在动态的视角上最值得注意的内容。要想捕捉到这些变化，依靠传统的技术手段根本无法做到。只有依靠大数据，才能在面对内在复杂又时刻处在变化之中的观众社群时，对这自组织化以及去中心化的环境进行全方位的分析，从而在统计出的数据中，找到增强观众黏性的最佳方案。

在日常的运营中，短视频营销人员若是能对大数据进行科学且充分的运用，不但能在后台有理有据地分析每一个观众，而且还能在前端有效地投放各种信息。具体来说，可以从两个方面入手。

一、数据统计

大数据技术在各行各业的应用中，最为基础的功能就是数据统计，在短视频领域也不会例外。短视频行业对大数据的应用，主要是围绕观众的运营而展开的。

1. 观众的基本属性信息

大数据技术通常用来获取观众的年龄、性别和其所处的地域，还有观众观看短视频所用的终端设备，以及所处的网络环境类型等信息。对短视频新媒体运营来说，越早获得观众的基本信息就越好，因为能更早地对观众进行分类，这为后期进行更细致更具体的观众分类提供了最基本的素材。

2. 观众的观看行为信息

获取了观众的基本信息之后，短视频营销人员就需要对观众在实际观看过程中的行为进行量化统计。

比如：观众打开短视频应用登录账号、退出短视频应用的具体时间段，观众活跃度，等等。而且观众活跃度的信息中还要包含所关联的观众具体活跃天数以及每天活跃的时间等。那为什么要对观众观看和活跃时间进行如此细化的统计呢？主要是为了方便短视频新媒体能够更高效地安排短视频的播放顺序以及新视频的发布时间。

此外，大数据技术还能获取观众观看的内容，其中包括观众在一段时间内观看的所有类型的短视频，还包括每个类型的短视频在该观众观看总量中的比例。只要能够准确地统计观众所观看的短视频内容，就可以直接让短视频新媒体了解观众的喜好。这不但有利于短视频营销人员更有针对性地推送短视频，还可以科学地引导短视频的创作。

3. 观众的深度使用行为信息

短视频营销人员除了要对核心观众的基本信息以及日常观看行为信息进行大数据统计之外，还应该对核心观众的深度使用行为信息进行专门的统计。深度使用行为信息除了观众搜索短视频的行为，还包括在观看短视频时的点赞、评论、转发等行为。而且，观众在新媒体平台通过观看短视频进行的直接消费行为更需要进行细致的统计。

核心观众的深度使用行为，不单单关系到维护工作，还关系到短视频新媒体的整体经营效益和流量变现。所以，营销人员在对深度使用行为信息进行大数据统计时，必须做到翔实和准确。

有一点需要注意，虽然利用大数据技术主要是对观众信息进行统计，但是并不意味着短视频营销把关注点完全放在观众上就可以了。实际上，一家短视频新媒体的经营状况不仅仅取决于观众的情况，还有可能受到整个行业的影响。所以，短视频新媒体在有余力的情况下，除了进一步提高自己的运营效率，还应该对自己的合作伙伴甚至是行业竞争对手进行实时的大数据分析与统计。

二、实际运营

在完成了数据统计的工作之后，短视频营销人员接下来就要将统计数据结果运用到短视频新媒体的日常运营中来。因为数据本身并不能自动转化成效益，营销人员通过多种途径才能将结论转化为具体的行动。

1. 智能推荐

收集到了观众的基本属性信息和观看行为信息，对其进行梳理和分析之后，营销人员就可以筛选出最受观众喜爱的短视频类型，从而把这类短视频单独拿出来，放入新媒体界面的推荐栏之中，这样就实现了智能化的短视频内容推荐。

2. 智能广告投放

新媒体营销人员借助大数据技术掌握了观众全部信息之后，就可以有效地针对观众的喜好与需要合理地投放广告，其中包括了投放的时间、投放的形式以及广告的内容等。

3. 营销开发

短视频新媒体营销人员可以凭借对观众深度使用行为信息的分析，更加科学、高效地策划营销活动。营销人员借助大数据技术的统计，可以让营销活动的主题、形式、时间和观众的习惯、喜好一一对应，这样策划出来的营销活动，在全面满足观众需求的同时，还能减少不必要的成本。

4. 营销效果量化

一般营销活动结束后，都需要评估营销效果，短视频营销在这方面依然可以运用大数据技术。量化后的统计数据不但可以直观地反映营销活动所获得的效果，方便营销人员进行比较，还能变成实用的经验，为往后的营销活动提供非常有价值的参考。

5. 观众互动

不论是微博、贴吧，还是微信公众号，现在的短视频新媒体如果想持续地吸粉，就必须和观众进行互动。营销人员在与观众互动的过程中，如果使用事先通过大数据技术总结出来的有效方法和观众进行沟通交流，不仅能够迅速地获得观众的认可，而且还能更加直接地把握观众的需求。

无论是在理论层面，还是在实践层面。大数据技术在短视频行业取得的巨大推动作用都是有目共睹的。相关的短视频营销人员只要通过对大数据信息进行整理和分析，就能够高效地实现信息流和经营之间的联通。

只要能够有意识地对潜在的数据资产进行发掘，数据自身就可以转化为显性的收益。因此，在大数据时代，众多的短视频营销人员应该充分意识到大数据技术对自身的价值并在实践中充分利用。

第五节 数据化内容驱动

拍摄短视频，需要我们通过相机记录每一个画面。数据化运营同样是这个道理，记录下短视频发布后的各项数据指标，不但能够帮助我们看到观众的行为反馈，而且对日后短视频内容创作和运营都有着重要的作用。

由于播放时间短的特点，短视频需要在内容创作时着重考虑如何在短时间内快速抓住观众的视线，这在很大程度上促进了短视频创新力的提高。这种视频模式的转变，使我们更加注重内容创新。对于很多短视频团队来说，找到最合适的内容方向和方式是其面临的一大苦恼。一些比较火的内容方向，很多顶级大号已经做到极致并未留下太多余地，而做一些小众的内容方向，并不能在短时间内帮助我们快速积累流量。

我们将视频发布到线上无非就是想要提高栏目的曝光度、视频点击量、视频播放量等，从而收获一定的利益。变现是我们的最终目的，但无论选择什么样的变现方式，只有在初期通过内容积累一定的流量，才能实现后期的转化。

很多短视频团队前期做内容，后期做电商，因此从一开始就需要切入用户细分群体中，这就很考验团队的数据挖掘能力。我们需要如何通过数据来调整短视频内容运营这一环节呢？下面我们就具体分析一下。

一、互动数据

通过分析短视频投放后的数据，为我们优化视频内容提供帮助。因此，一定要定时将后台数据导出并进行仔细分析整理。例如，可以将时间限制在一个月或一星期内，将该范围内我们投放过的短视频数据导出，看看哪些短视频的点击量高、哪些评论数量高、哪些收藏次数多等。对这些数据整理之后，再进行先后排序。对排名处于前几位的短视频进行分析，总结它们都具有什么特点。

播放量和评论量是观众和短视频之间互动的数据表现，除此之外，视频的转发量、收藏量也都是观众互动的表现。通过对这些基本数据的分析，可以很直观地看出观众喜爱什么类型的短片，这就有助于我们今后在短视频内容方向上做出选择。

通过对互动数据的研究，我们总结出好视频有以下特点：

1. 评论数量高

评论数量高的短视频，就表明该视频的内容能激发观众强烈的表达欲望，说明观众被视频内容中的槽点所触发，从而引发讨论。那么下次在创作短视频的时候，就可以再加入一些能够引起讨论的点。

2. 转发量高

转发量高的短视频，说明了该视频内容有较强的传播性。观众想推荐给其他人或者想通过转发视频表达自己的个人观点和态度。这对日后选择内容创作话题有很大的帮助，有助于团队不断创作出符合观众“口味”的短视频。

3. 收藏量高

观众发生收藏视频的行为，就说明了视频内容对他们有意义、有用，收藏之后还会发生再次观看的行为。分析收藏量的同时可以结合转发量数据进行思考，收藏量高而转发量低，可能说明视频内容传播具有一定的局限性，可能涉及观众的隐私。

分析这些基本数据，对短视频内容策划是很有帮助的。多次的数据比对，可以帮助我们实现对短视频内容的不断优化，让其越来越趋近于观众的喜好。只要观众喜爱视频内容，自然也会做出相应的反馈行为，这样一来就不用担心流量问题了。

需要注意的是，当我们多平台同时进行视频投放时，要尽量选择推荐平台的数据进行统计分析。因为在推荐平台上发布短视频，平台推荐量是不受平台工作人员的个人意向影响的，而是完全依靠观众行为进行判断。所以，要选择像今日头条这类推荐平台的数据，才更加真实有意义。

二、播放完整率

除了第一点提到的基本数据以外，还应该注意短视频播放完整率这一数据，视频的播放量、点赞量、转发量等数据更加倾向于观众对视频内容喜爱程度的表现，而播放完整率则是最能直观反映视频效果的重要指标。

短视频内容创作者应通过对该数据的研究找到播放过程中观众最集中的跳出点进行分析。为了提高观众播放视频的完整性，结合跳出点的时间，将短视频的内容加以整合，在观众选择跳出视频播放之前，用内容吸引住他们的目光。

视频开头要避免冗长复杂的叙述介绍，要让视频内容更快地切入正题，让观众有看完短视频的欲望；视频后续结尾的介绍，也应该尽可能地压缩时间，考虑将这部分融入视频内容中。

一个短视频的播放完整率高，说明该视频的内容很吸引观众，观众希望看到视频的全部内容。而要提高观众对内容的喜爱，不但要求内容选题有特色，同时也要正确把握好视频播放时间，将最精华的内容浓缩到最短的时间内，这才是对短视频内容最好的把控。

三、退出率

短视频的退出率高低和内容也有很大的关系。短视频退出率高有两种原因：一种原因是，视频的内容对观众来说没有吸引力，观众没有往下看的欲望自然就选择退出；另一种原因是，短视频标题很新颖很吸引人，但是视频的内容和标题却不相符，观众心理落差大当然就退出了。

很多团队为了追求高数据量而夸大标题，这反而得不到实质性的效果。因此，在内容方向的选择上，一定要根据团队的定位选择观众喜爱的话题内容。可以多结合事实热点话题，让短视频的内容更加新颖、丰富、有趣。这样才能更加吸引观众，降低视频的退出率。

在保证短视频内容质量的同时，也不要忽略标题的影响，要根据内容取标题，才不会出现题文不符的情况。退出率是检查视频内容是否受欢迎的重要指标。

几个简单的小数据就能让内容驱动更数据化，数据有依有据，才能帮助我们不断优化短视频内容，为内容的方向和选择提供帮助。不仅仅是今日头条，越来越多的视频平台都开始为短视频团队提供更加详细精准的视频播放情况数据。

除了关注上面的几个数据之外，后台提供的每一个数据都可以进行分析，挖掘数据、分析数据是短视频运营的日常工作。完整地分析数据，从中发现问题，有利于我们对短视频内容的优化分析。只有对这些数据进行详细的分析，我们才能挖掘出观众真正喜爱的内容，并将这些内容准确地推荐给观众，以此不断地吸引观众，增加观众黏性，反过来，这对短视频内容的生产也会起到引导作用。

第十二章　低成本快速“引爆”

对于短视频营销行业而言，渠道的选择至关重要。不同渠道的选择给短视频带来的收益分成是各不相同的最重要的是带来的用户流量也是存在差异的。因此，快速摸清每个渠道的脉络，有针对性地利用各种技巧，才能让我们用低成本的方法获得高流量。

第一节　“引爆”播放量的视频标题

标题的好坏会影响短视频的播放量。好的标题会为短视频传播起到推波助澜的作用，相反，一个不好的标题可能会掩埋一个内容优质的短视频。说到用标题带来播放量，我们率先就会想到“标题党”。

但是我们所说的好标题并不是大家认为的“标题党”，而是在保证优质内容的前提下根据标题自身的特点和平台运营，去摸索总结出一些起标题的门道和规律。在了解取标题的技巧前，我们需要清楚为什么好标题对短视频来说那么重要。

我们都知道观众在选择观看短视频时，所有的内容都会以列表的形式呈现在同一界面中。此时，需要通过观众的点击决定短视频的播放量，无论什么原因只要观众点击一次就相当于视频被播放一次。在这种情况下，影响观众点击的就是短视频标题了。一堆短视频中，在看不到内容的情况下同时呈现，只能依靠短视频标题和封面图片来吸引观众，那么好的标题也就比别人领先一步。

观众除了直接在视频页面选择观看内容，也会手动输入一些关键词进行搜索观看。如果我们的标题上有观众搜索的关键词，那么短视频就会被推荐给观众，增加被观看的概率。比如观众在今日头条的搜索栏中输入“美食”，那么所有在该平台上发布的标题中包含“美食”二字的视频内容，就会被推荐给观众进行选择观看。

在这种情况下，界定标题好坏的最直接标准，就是看目标观众的点击量。只有先吸引眼球，让用户点击观看短视频，才会有收藏、转发等一系列接下来的活动。

那么，如何才能取一个可以带来高点击量的标题呢?

一、巧妙利用数字

数字本身就具有强大的力量，当你的短视频被推荐到各大平台上时，观众在界面浏览内容，停留在标题上的时间不会超过两秒。那么如何让观众在短时间内一眼就看到你的标题呢? 这就需要短视频标题既直观易见，又简洁明了，而数字正好就有这样的特性。

《80 万，爆改上海闹市 400m^2 独栋小楼》这是“一条”发布的一个短视频。单看标题，数字的使用让观众一下子抓住视频内容的关键——上海 400m^2 小楼只用 80 万元改造。

除了将内容更直观地摆在观众眼前，数字的使用还能让标题看起来更加精确简洁，给观众带来一种肯定的感觉。观众看完视频，就能清楚用80万装修400m^{2}是怎么做到的。数字的使用让观众的视觉很有冲击感，在某种程度上也是为了引导观众观看短视频。

因此，在标题中巧妙地利用数字，将标题中所有能用数字表达的文字都替换成阿拉伯数字，更能提高观众的视觉敏感度。需要注意的是，阿拉伯数字的“1、2、3”直观程度要高于文字式的“一、二、三”。

二、引起观众好奇

观众在好奇心的驱使下，会不由自主地点开短视频，在观众不知道内容的情况下，通过标题最容易引起观众好奇。

1. 标题提出疑问

这个方式主要就是利用人性的特点，让观众产生好奇心。观众心中产生疑问就会有想要一探究竟的欲望，这样一来也能够增加短视频的点击量。

比如，某平台发布的短视频，许多标题上都利用了疑问句的形式，以《我可以留住秋天！你行吗?》为例，看到这个标题，部分观众就会在脑海里蹦出“秋天能留住吗？这是在开玩笑的吧？视频到底说的是什么?”等类似的疑问。

带着好奇心和内心的疑惑，观众自然而然会点开短视频。由实际点击量可见，疑问式标题的短视频播放量都不低。

2. 挑衅语

“你敢吗?”“你一定想不到”“你一定不会”等，像这类语句都属于挑衅性的。观众看到这样的标题会产生较大的刺激感，同样也会好奇，想知道短视频的内容。看看到底是什么样的事情，究竟是不是自己不会或不敢做的。这和标题使用疑问句的目的一样，都是为了引起观众的好奇心。

但需要提醒大家的是，使用挑衅语作标题，在带来高点击量的同时，要保证短视频的内容有足够的深度，能给观众带来意想不到的感觉。否则也只是徒劳，甚至会引起观众的不满。

3. 矛盾体

在标题中使用前后矛盾、冲突的字眼，也会增加观众的好奇心理。例如《我失业了，但是我很快乐》《渴了，为什么不想喝水》等。看到这样的标题，观众首先会觉得莫名其妙，不合常理。失业本来是件很难过的事情，怎么还快乐得起来？渴了就要喝水，为什么却不想喝？观众想到这里，好奇心自然就会引导观众打开短视频，去解决观众心中的疑惑。

总之，利用好奇心是最容易引导观众的方法，观众都有想要获得某些内容的心理，特别是对于未知的、有疑问的事情，观众想要了解的欲望更强烈。因此要让你的标题不留痕迹地引导观众，就要抓住观众的好奇心。

三、利用观众痛点

一般来说观众在生活工作中碰到的困难问题都是痛点，问题有多严重，痛点就有多深刻。简单地说，观众的痛点是什么？无非就是矮、胖、穷、丑、夏天热、冬天冷等。说到底就是抓住和观众相关的、有共鸣的内容，将其作为短视频标题。许多短视频能够在短时间内迅速蹿红的很大一部分原因就是：视频从标题到内容都能够抓住观众痛点。2017 年 11 月，很多人都被罐头视频发布的一则名为“这个季节，起床困难户的内心戏要多丰富就有多丰富”的短视频吸引了目光。冬季天气寒冷，早晨不愿意起床。这对于很多观众特别是年轻人而言是一个极大的痛点。视频标题中带有这样的字样播放量也不会太低。带有痛点的标题，更贴近观众生活，更容易引起关注。

四、添加关键词

这里的关键词是指时下热门词汇，也就是用蹭热度的方法。这类词汇一般都带有高流量，观众搜索或选择的概率会更高。即使我们的短视频内容和这些关键词一点都不沾边，我们也可以和关键词“套近乎”。

需要注意的是，使用这类热门词汇是个技术活儿，需要对关键词高度敏感，能够快速在词汇热度不减的情况下尽早使用，否则随着时间的流逝，词汇热度一旦降低，再次使用不但不会给短视频带来较高的点击量，而且会让观众审美疲劳甚至反感，处理不好会带来消极影响。

五、增加代入感

有代入感的标题能拉近和观众之间的距离。让观众产生代入感的方法有很多，最简单的方法就是加入人称“你”。比如“你应该知道的”“某某对你有用”等，这样的标题就很有代入感，让观众觉得视频是为自己量身定做的。这样一来，他们更愿意打开看看。

除了添加第二人称，将标题场景化也是增加代入感的一种方式，让用户看到标题就陷入编织的情境中。

以上就是提高标题效果的几种技巧，方法不是固定的也不是绝对的，在运用的过程中需要我们根据实际情况，不断进行优化。只有在这些基础的技巧上反复练习，才能慢慢地提高标题感。

无论使用哪种方法，起标题一定要根据短视频的内容而来，要在标题高度贴合内容的基础上不断摸索适合自己的门路，这也是我们在给短视频起标题时需要注意的问题。一定不要在标题上故弄玄虚，使其和短视频内容之间落差过大。

第二节　提高短视频播放量

今日头条 2016 年宣布加入短视频分发行列，并投入了大量的资金作为补贴，给予短视频内容原创作者。这无疑给很多短视频新媒体人打了一剂“兴奋剂”，而今日头条在抓住短视频这一风口后，也逐渐成为中国重要的短视频平台。

相关资料显示，头条视频在过去的某一个月里视频的播放量达到了 302.7 亿，当月上传视频的总量就已经达到了 91.2 万，其中原创视频占据了 4.7 万。今日头条从 2015 年开始试水短视频行业，2016 年正式将短视频作为重点项目进行开发，今日头条逐步利用短视频点燃自己的社交梦。

今日头条还在 2017 年 2 月 2 日全资收购了 Fipagram 团队，正式进入了全球范围的短视频市场。

毫无疑问，今日头条在短视频领域已经占据了重要的地位，其拥有的视频内容量也是非常大的。而要想从这个拥有海量级短视频的平台中获得高流量，也变得越来越难。

不过，今日头条是根据推荐算法来进行短视频推荐的，每一个账号都有机会，只要配合着其自身的运营能力，仍能够从中间摸索出提高流量的技巧。

在了解如何提高头条短视频播放量之前，我们需要先弄清楚头条平台的推荐机制是如何运行的。只有充分了解后，才能更深入地探索和发掘提高流量的技巧。我们在分析后，了解到头条视频的推荐机制是这样运作的：

这个推荐机制相当于一场一场的比赛，而评委就是广大头条用户。我们在头条中上传短视频后，会经过平台的审核和识别，按照短视频的内容和标题进行标签化分类，紧接着会将短视频试探性地推荐给一部分目标用户。根据第一批用户的反馈情况决定是否要继续推荐，反馈情况好的短视频将进行再次推荐，而反馈情况差的短视频就会直接停止推荐。

从这个流程可以看出，影响头条推荐量的因素正是来源于用户的反馈，而用户的反馈可以理解为视频的热度和转化率，其中包含着各种影响因素。

明白了推荐流程也就清楚了今日头条的短视频推荐机制，其中存在着很多可控和不可控因素。对于平台自身的机制，我们是无法进行修改的，而其中存在的可控因素，就可以成为我们提高视频播放量的入手点。

一、短视频标题

前面我们已经详细介绍过，如何给短视频起一个好标题，比如提出疑问引起用户好奇心、使用阿拉伯数字更直观等方法。需要注意的是，今日头条在给用户推荐短视频的时候，会按照标题涉及的关键词标签，将其推荐给打过同样标签的用户。

例如：在今日头条中推送的视频内容主要讲的是华为手机的使用技巧，若是短视频标题中包含“华为”这一关键词，那么头条就会将该条短视频推送给所有打了“华为”标签的用户。因此在写标题时一定要注意，不要做“标题党”，要保证标题和内容的一致性，好内容才是王道。当然，在保证优质内容和标题相匹配的基础上，更具特点的标题才会更吸引用户，而这带来的好处就是影响短视频的各项数据表现。

二、短视频封面

头条在推荐短视频时，采用的是标题加视频封面的形式。在目标用户看不到短视频具体内容的情况下，标题和封面就成了关键。因此除了有一个好标题之外，还需要有一张好图片作为封面，才能充分发挥引导作用。

封面图片的选择也是有讲究的，清晰度是最基本的要求。其次还要注意，图片要完整但不要有黑边，否则会影响美观。封面图片的选择一定要根据短视频的内容来定，可以运用一些搞笑夸张的图片，可以自己创意设计，也可以在图片上添加一些文字。

无论添加什么内容，都要保证两者之间的融合度。对于短视频的封面图片，尽量选择全景或者接近于远景的图片，这样用户点开短视频会更有冲击力，还能增加新鲜度。

三、点赞、转发和收藏

从今日头条上我们可以发现收藏、点赞和转发量高的短视频都具有一定的特点。

首先，内容实用的短视频更容易被收藏转发，例如，生活小技巧、美食制作、手工艺教程等。这类视频能让用户观看完后学会一种技能，对自己有帮助还会增加新的认识。

例如：《夏天蚊子最怕它，摆在门口和窗边，不用挂蚊帐，家里一只蚊子看不见》，这个视频的标题十分冗长，从标题就能清楚知道视频的内容。虽然视频仅仅只有 1 分 21 秒，却因为内容的实用性获得了 1404 万次播放量。由此可见，实用性内容的短视频是很受用户喜爱的。

其次，来不及或没有时间看完的短视频用户都会先进行收藏或转发，方便下次自己能快速找到该内容。但是这个特点存在一定的偶然性。

最后，对搞笑幽默、新奇的内容，用户总是保持着较高的兴趣，一些非常炫酷、神奇的短视频内容都能成为用户转发、点赞和收藏的内容。

根据这些特点，在制作短视频的时候可以多运用些用户喜爱的选题，在短视频的内容、时间长短和题材等方面更迎合用户的口味。这样一来，就更能提高短视频的转发量、收藏量和点赞数量。

这三个方面数据的提高所带来的必定是短视频热度的提升，那么最终转化成高流量就不成问题了。

四、头条的评论区

提高短视频热度的另一方面就是增加和用户之间的互动，短视频在被头条推荐后并不是什么都不做就能等来高播放量。互动程度是直接关系到短视频播放量和推荐量的主要因素，因此在短视频运营初期，一定要积极回复评论区中的内容。

除了及时回复用户，活跃头条评论区还可以从以下两个方面入手：

1. 内容

用户一般都是在观看完短视频后才会进行评论，因此，我们要让用户观看完视频后有想要评论的意愿和冲动。这就涉及短视频内容题材的选择，选择一些用户感兴趣、贴近用户生活的、有共鸣的话题作为内容，这样很容易激起用户的表达欲望。例如，一段中国大妈在国外包饺子的短视频，题材就是非常贴近用户生活的，用户看了这样的短视频就有表达欲望。而中国大妈国外包饺子本身就很具有话题性质，因此该短视频的评论量也是极高的。

对于一些深奥的内容，用户看不懂自然也就没有想要参与评论的意愿了。内容选题是一方面，我们还可以在短视频中多加入一些可以吐槽的点，抛出一些有争议能互动的话题，引导用户在评论区中讨论。

2. 自己评论

短视频在刚刚被推荐时，参与评论的人很少，我们就可以在评论区中自己发布评论来引导用户参与，从而营造出热闹的氛围，其他用户看到了自然也就想凑一凑热闹了。

提高播放量是很多短视频媒体人最渴望的，但是在提高播放量的同时也要遵循头条发布内容的规则，例如，短视频中添加的广告不宜过长、避免抄袭等。

只有在保证内容质量的基础上，运用这些技巧才能达到理想的效果。头条平台是在不断发展的，随之而来的就是机制的变化。想要在头条中获得高播放量，单凭以上技巧是不足以完成目标的，还需要我们在日后的运营中多观察多发现。

第三节　提高美拍的粉丝关注数

美拍是一个很受用户喜爱的短视频平台，自从美拍的短视频应用推出后就持续爆红，短时间内用户数量就已破亿。资料显示，截止到 2016 年 6 月，已有 5.3 亿用户在美拍上进行创作。

如此大的用户基数和活跃度，使得美拍也帮助了很多“平民”用户摇身变成网络红人。那么问题就来了，如何才能从如此高流量的平台上获得更多的用户关注呢？对于刚进入美拍平台的新手来说，要获得高粉丝关注数，关键是要先清楚美拍推荐短视频需要通过什么样的过程，也就是平台机制。

对于刚进入平台的栏目，美拍前期都会给予一定量的粉丝，但是要想获得最原始的粉丝量是有前提的——你的短视频必须是有特点的、原创的、栏目化的。只有满足这些前提，你的短视频才可能受到美拍平台的青睐。

美拍的推荐机制就是这样的：当我们积累了一定的粉丝数量后，我们在美拍中发布短视频，最先能够看到的就是已经关注我们的粉丝，根据这些粉丝的播放量、评论量、点赞数量的多少，美拍会有标准地选择短视频进行推荐。粉丝反映高的短视频会被推荐到相关频道中，这样一来就能获得频道中的流量了。

如果这部分自然流量对短视频的反馈也高的话，我们的短视频就会被又一次推荐到热门频道中。若我们的短视频出现在热门频道，那么粉丝关注数量、视频播放量等就能轻而易举地获得了。因此，若是想要获得更高的粉丝关注量，我们需要做的就是细致化运营短视频，设计好短视频的每一个环节，这是获得高粉丝关注量的前提。

一、头像

很多人认为提高粉丝的订阅数量和头像没有太大的关系，但事实上，这其中还是有讲究的。头像出现的地方有很多，包括频道列表、短视频上方等。当短视频被推荐到频道列表时，就需要和其他同样出现在列表中的内容进行比较。除了短视频封面的比拼，就是头像之间的较量了。因此在设计头像时需要考虑到，我们的头像能否在一堆内容中快速进入到用户的视野中。在选择头像的时候，尽量选择头像颜色鲜艳一点的或是跳跃色。要让自己的头像更突出，更有特色，头像一定要吸引人，才能有更多的机会被用户点击。

二、拟好标题

标题会出现在“你可能感兴趣”一栏中，在这几个栏目中都是单个视频出现，并且标题只显示前6个字，因此这6个字就变得重要了，直接影响用户在“你可能感兴趣”列表中挑选哪一个短视频。

“你可能感兴趣”一般出现在每个短视频评论区的上方。在这里只能显示视频的封面和标题，因此在设置标题的时候要尽量在6个字以内交代清楚视频的内容。标题要偏娱乐化一些，可以添加些悬疑色彩，但一定不要做“标题党”。

另外，在拟定标题时会带有标签，要将标签加到标题的末尾部分，以免挡住标题的内容。

标题的重要性不再赘述，严格按照以上两点要求，就能让标题发挥引流的作用。

三、视频封面

封面图对于每个短视频来说都是重要的因素。在美拍中，每个频道都是以首图视频流的方式进行呈现的，几乎在用户可以看见的界面中，都会出现短视频的封面图。美拍中好的视频封面图能大大提高用户点击的欲望。

那么在选择封面图的时候一定要精挑细选，尽量选择漂亮的、可爱的，也可以选择一些夸张、惊奇的图片，这些都能成为吸引用户的封面图。

在选择封面图的时候还应当注意，封面图要占满整个图片空间，避免出现黑边，使封面看起来更有美感。

很多人都觉得封面图并不重要，因此常常会随意选择一张文字图片作为封面，这一点是需要避免的。文字图片相对来说较为简单，没有创意也没有新鲜感，有时候很难引起用户的关注。

要让用户从一张封面图开始产生想要打开视频的冲动，这样一来粉丝关注数量自然也就不会少了。

四、打标签

标签是美拍的特点，标签打得好与坏直接影响到短视频的推荐和播放量，因此要集合自己短视频的内容，打上一个专属标签。标签是一定要有的，就是“我要上热门”。打上这个标签，才能让美拍的推荐小编注意到你的视频内容，这样才能增加被推荐的机会。

美拍中包括很多频道，涉及吃秀、美妆、搞笑等。在给短视频打标签的时候，一定要打上相关的标签，但要谨记不要打和短视频内容不相关的标签，否则很有可能在审批推荐的时候被否决掉。

打标签还应该注意，标签的数量不宜过多，否则会收到来自美拍系统的私信警告，三四个标签为最佳。还有就是我们在标题中提到过的，标签一定要打在标题的后面，这样才不会影响到标题发挥作用。

五、热门话题

和微博一样，美拍也同样有个热门话题区域，在这个区域中以时下热门的主题标签或者活动标签为主。

有些标签是长期存在的，我们发布短视频的时候，可以在标题后面打上这类标签，我们的内容就可以经常在这些主题下面出现，加大曝光率。同时，我们在制作短视频时，也可以根据美拍上的热门话题进行选题，既增加了短视频选题范围，又能紧跟热点。积极参与美拍的热门话题，散发自己的观点，才能吸引更多的粉丝关注。多参加转发热门话题，这样才更容易被粉丝发现你的存在，提高被关注的概率。

美拍平台是在不断升级更新的，而我们能做的就是更细致化的运营，从头像到标题、从封面到视频内容，都是需要我们精心设计的。要做到让每一个发布的短视频，都发挥出最大的效果。同时结合各种技巧，才能获得更多的流量和粉丝关注。

第四节　通过短视频给公众号导流

很多短视频都是在多个平台进行发布的，当我们的短视频在某个平台上获得高播放量时，我们只能清楚地知道一个数据，并非真正知道到底是哪些观众对你的内容感兴趣，更不要说将这些观众留下作为自己的忠实观众了。

利用短视频给微信公众号导流，通俗意义就是将播放量的数据形式转化成一个个可以直接交流的对象。这样一来我们就可以充分了解粉丝观众，清楚地画出粉丝的“肖像”。

微信公众号的后台有着强大的数据，可以帮助我们快速了解粉丝观众的特点，清晰地知道观众观看完短视频后最真实的信息反馈，从而不断优化我们的视频内容。无论是运营微信公众号还是短视频，观众都有着重要的作用，我们应该高度重视他们。

但是通过短视频给微信公众号做导流还是有一定难度的，让观众的关注从短视频转移到微信公众号其中存在着很多环节，是一个非常复杂的过程。因此，我们也只能在不断的探索中，总结出更简单更适合的方式。

通过短视频给微信公众号导流常见的方法有三种，即硬转化、内容导流、活动导流。

一、硬转化

硬转化是最简单也是最基础的一种导流方式，就是在短视频播放结尾处或视频中，将微信公众号的相关信息放上去。

Maxonor 创意公元在每个短视频播放结束后都会将微信公众号的二维码放置在上面。

Maxonor 创意公元给微信公众号做导流使用的就是硬转化方式，将公众号的信息放置在短视频的结尾处，在转化文案的选择上也一直沿用着清新、简单的风格，“感受最美的创意生活，请关注 Maxonor 创意公元”。

硬转化虽说是最基本也是最容易的公众号导流方式，但是还需要注意的是，重视转化语的文案写作，好的转化语文案会给微信公众号带来高好几倍的流量。

二、活动导流

通过活动的方式给微信公众号导流，最重要的就是制定活动策划的内容。我们常见的形式有“关注公众号，可以免费获得一份精美礼品”“扫描二维码报名参与活动”等。

利用几秒的时间，在短视频中添加一些活动信息，这种低成本的方法也能为微信公众号减少一大笔推广费用，还能吸引粉丝关注，达到好的效果。利用活动转化的方式给公众号导流，比较适合一些小的短视频团队。

由于这种互动的方式简单，而且有一定的效果，很多短视频团队在刚开始的时候都会选择这种方式进行导流。从另一个角度看，短视频活动转化相当于鼓励用户生产内容，而微信公众号则是用户生产内容的提交平台，这样一来用户自然就关注公众号了，这对短视频的策划制作、内容选题也是很有帮助的。

三、内容导流

当你觉得以上两种导流方式都不能达到理想效果的时候，那么可以选择用内容来导流。我们经常会见到，最简单的内容转化就是类似于在公众号的二维码旁边配上“想知道更多精彩内容，尽在某某公众号”的文字。

“看鉴”是一个很火的短视频栏目，每次用 2 至 5 分钟的时间，普及历史文化知识。它的每一期节目都在结尾部分利用内容给自己的公众号做导流。

例如，“历史大揭秘”中《不得不服，隋炀帝的又一壮举!》的结尾画面，视频内容讲述了隋炀帝通过西巡又一次打通了丝绸之路，为唐王朝的盛世奠定了基础。在完成一系列讲述后，作者在视频结尾处，再一次抛出了新的话题。

新话题的内容是宋朝的大航海时代，观众要想知道大航海时代的盛况，就需要关注公众号进行回复，才能得到内容。这就是一个利用短视频内容给公众号做导流的方法。“看鉴”几乎会在每一条视频的结尾处根据视频内容设置一个话题点，引导观众关注公众号。

另外，有些短视频团队会对同一个短视频做出两个不同的版本。一个是视频的完整版，会被投放到微信公众号中，而另一个版本是去掉结局部分的，将被推送到各个短视频平台上。观众要想看到短视频的结局部分，是需要关注公众号才能获得的，一般都是剧情类的短视频选择这种形式。这样的方式表面上是在勾起观众的好奇心，实际上是在利用短视频不动声色地给公众号导流。

通过利用短视频内容给公众号做导流，获取粉丝的效果更稳定，但是这也需要长期的坚持，不但需要制作出优质的短视频，而且还需要消耗一定的时间精力才能给公众号带来可观的流量。

以短视频内容做导流的方式可谓是多种多样，但是抓住内容转化的点是最关键的问题。选择内容转化的点要能够激发观众好奇、八卦的心理，才能让观众主动去关注公众号。我们在做内容转化时一定要注意，引导观众关注微信公众号的文案不要强硬植入到短视频中，这样对观众也是一种伤害，会破坏我们和观众之间的友好关系。在选择好内容转化的点后，还需要不断地检验测试，看看选择的内容是否能够达到我们想要的效果。

利用内容导流最关键的一点是，我们选择转化的内容要和短视频正片的内容有较高的匹配度，其次就是在短视频中做内容转化的时候，一定不要忽略观众的观看体验，这样才能给我们的公众号带来预期的流量。

通过短视频给微信公众号导流，首先，需要定义好我们要选择的方式，其次，选择好要转化的内容。要想导流达到理想效果，需要我们找到观众刚性需求的转化点，才能达到最佳效果。导流是一个长期的过程，只有在不断测试检验各种方法之后，才能慢慢摸索出适合自己的渠道，给公众号带来更多的流量。

第五节　总结经验方法，提高更新速率

对于每一个短视频团队来说，提高视频的更新速率会带来很多好处。短视频的播放时间一般都在 5 分钟以内，要想吸引观众就必须在短时间内满足观众的需求。而在短视频火爆的时代，每个短视频团队都在争夺同一批观众。

因此，只有快速更新作品才能在视频平台上进行大范围的曝光，让观众记住你，否则在短视频源源不断的大环境下，观众会很容易忘记你。如果观众养成固定习惯，在固定的时间看你的短视频，那么这个观众就会成为你的粉丝。积少成多，慢慢会吸引更多的流量。

提高更新速率不但能够提高品牌的知名度，而且会带来最直接的好处——收益的增加。想要提高更新速率，达到短视频日更状态也不是不可能的，要点如下：

一、认准团队方向

每个短视频团队在建立之后，面临的第一个重要问题就是确定团队方向。如果用短视频的播放效果来检验团队方向选择的正确与否，会消耗大量的时间精力，而且单凭短视频的播放量也无法衡量一个团队方向的选择对不对。

因此，在运营短视频之初，我们需要低成本高效率地找到团队方向。确定好我们所在的团队要做什么类型的短视频，是科技类、生活技巧类还是美食类等。在确定好团队的大方向后，才能寻找到相关的素材资料，然后进行拍摄。

通过团队成员的共同策划制定出每天的短视频选题方向，集思广益，才能达到日更的效果。除此之外，还要对已经推送过的短视频进行数据分析，分析观众喜好类型、短视频特点等因素，从而帮助团队找到正确的选题方向，避免由于错误选题带来的不必要的损失。

二、抓住核心内容

短视频最核心的元素就是内容，内容的质量直接影响着短视频推送后的效果。要想提高短视频更新速率，达到日更的状态，前提是抓住内容核心。很多短视频团队在制作过程中，往往更加重视短视频最终的呈现效果，而忽略核心内容。

视觉效果固然重要，但是团队的工作重心始终是要放在内容上的。因此就要减少对视频外包装的过分追求，比如，减少在短视频片头片尾的复杂设计。尤其是对于很多初创团队来说，先做好内容才是最重要的。

所以，一定要先抓住短视频内容最核心的部分，减少一些外包装。这样才能在保证质量的前提下，提升更新速率，达到日更状态。

三、发现问题，找到方法

很多团队的短视频更新速度很慢，如果想要提高更新速率，需要从每次短视频的制作过程中找问题，是视频拍摄时间太长、剪辑流程太复杂，还是在选题上浪费太久的时间？只要发现这些问题，并找到解决方法就能帮助我们提高更新速度。

以选题问题为例，“姜老刀”的日食记，每次在开拍下一集视频的时候，都会进行团队“头脑风暴”。大家觉得谁的构想好就会一起完善这个选题，然后再动手拍摄。每个短视频的拍摄过程都最大限度地发挥全员的才能。

这样灵活选题就减少了决策时间，同时还提高了工作效率。毕竟一个人的想法和视野都是有限的，全员进行“头脑风暴”，才能在打开思路的同时节约时间。

因此，提高短视频更新速率就要善于发现制作过程中存在的问题，找到高效的解决方法，避免在流程上浪费过多的时间，让拍摄环节尽量做到流程化、一体化和规范化，这样一来每次拍摄流程都能快速复制。

四、成员构成

要提高短视频的更新速率，我们需要组建一支高效的团队。短视频的更新速度、状态和团队的构建有很大联系。编导、摄像师、剪辑师和运营人员，是一支短视频团队最基本的人员配置。人数不是最重要的，能力才是关键。就拿摄像师来说，一个优秀的摄像师能完成短视频一半的工作，摄像师是短视频制作的关键，而全能摄像师精通各种拍摄方法，可以减少后期剪辑工作甚至不需要再进行剪辑。

这样一来，我们只需要在前期策划更细致一些，对后期短视频包装更突出一些。因此，短视频制作过程中对团队人员的分配不需要做到分工过于明确，一人多职这样去分配才能提高视频更新速率。

要让团队成员清楚了解制作流程，甚至学习每个流程的工作，这样在完成自己基本工作后，就可以参与到制作流程的其他环节中，能减少拍摄的时间成本。所以，团队成员的构成和工作分配与短视频更新速率也有着一定的联系。

以上方法，需要结合自身团队的特点进行合理调整。在提高更新速率的时候，切记要优先注重内容的质量。提高更新速率并不是一天两天就能完成的，要想达到像“一条”“陈翔六点半”“二更”这类顶级大号的日更状态，需要慢慢进行提高，达不到日更状态就先达到周更，在稳定短视频的产出量后，再慢慢向日更的方向靠近。对于用户来说，一个有稳定产量的短视频栏目，更容易占据内心的稳定地位。

第十三章　短视频的盈利模式

对于短视频营销来说，首先需要确定的就是其盈利模式。基于不同的盈利模式制作不同的视频内容，才能实现短视频营销利润最大化。

第一节　为内容付费

需要付费观看的短视频，本质上就是为内容付费。那么能够让人们自愿掏腰包的内容，大致可以总结出三个特征：新奇、排他、实用。

说起付费内容的特征，许多人脑海里第一个冒出来的想法就是有用。不论人们一开始的目的是增加谈资、补充社交货币还是提升个人的知识技能，付费这个门槛都被认为是可以自动筛选优质内容而且能节约注意力成本的。付费行为完成的那一瞬间的满足感和充实感成为当代社会普遍的“精神鸦片”，同时也是拉动商业运转的永动机。

除了有用以外，人们也会为独家的、排他的内容付费。换句话说，就是为版权付费，那些经历过版权争夺战的长视频平台以及音乐平台应该深有体会。

足够新奇的内容可以满足人们的好奇心，其需求是极其庞大的，同时不可避免地成为重点监管对象。现在的大趋势是短视频的内容逐渐规范化，这样的内容可不是平台赖以发展的主体内容。

在“看鉴”的短视频平台，提供的短视频多集中在历史、人文以及地理领域，和目前占据着短视频市场一大半江山的娱乐内容相比，它是绝对可以做到获取知识与增加谈资的。而且拥有央视纪录片背景的团队还给“看鉴”带来了一个巨大优势，那就是坐拥多达三千小时的优质历史地理文化纪录片的版权，其中甚至有着《故宫》《河西走廊》《帝国的兴衰》这种级别的纪录片。这种别人难以获得的重资产模式就是“看鉴”做内容收费的最大底气。

这就引出了一个问题，人们在互联网上有着这么多的选择，如果网友们想要去了解历史人文，可以选择看电视或者看在线长视频、听音频、阅读图文等，为什么偏偏选择在短视频上为内容付费呢？

随着各大视频网站诞生了会员制度，主流音乐平台推出了数字专辑，网络上的人们也逐渐养成了为互联网上的优质内容付费的习惯，整个市场的欣赏程度都已经得到了显著提高。直到2016年底，游戏、音乐、在线视频等娱乐行为的付费率都已经超过了4%，而且这个数字还在不断上升。所以能够肯定的是，内容付费的市场，其潜力巨大。

但是在互联网上的音乐、音频、长视频以及移动阅读，从来就不缺乏那种新奇、排他或是有用的内容，为什么会有人愿意为短视频上的内容付费呢？

要解答这个问题，就要涉及媒介形态这一话题。在《娱乐至死》里，波兹曼说过一句话："媒介的形态偏好某些特殊内容，从而最终可以控制文化。"单就这个意义而言，媒介隐喻了其中的内容。

波兹曼那个时代的电视就相当于现在的互联网，由于互联网存在着许多不同的媒介形式，所以也就产生了对不同类型内容的偏好。

我们将目光拉回移动互联网时代，视频和音频的特点也是各不相同的。单从媒介的特性来讲，音频具有距离感和分寸感，它的特点是沉浸式、伴随性以及碎片化。后面两点完美贴合了用户在缓解自我焦虑方面的需求，至于沉浸感则可以带来更加私密的个人体验。因此当前的付费音频内容主要集中在知识付费和情感交流两个领域里。

而视频呢，采取的是最具冲击力以及最有吸引力的视觉内容，因为视觉上的满足是刚需。2017 年，用户为在线视频付费的金额就已经达到了 217.9 亿元，而且接下来的两年里还继续保持着 60％以上的增长速率。当然，这里提到的在线视频付费，是指各大视频网站上的长视频。

音频和长视频付费模式运行得如火如荼，不过这两种内容形式并没有完全满足用户的需求。因为长视频动不动就需要观看半小时以上，无法实现内容上的空间并置，虽然音频不会跟其他成熟的平台抢夺用户注意力，可毕竟只能满足听觉，不够生动。于是更便捷而且内容信息承载量更为丰富的短视频逐渐变成了内容付费的重要组成部分，未来的发展潜力不容小觑。

为特定内容的产品付费的这种方式，在音频和短视频内容平台比较常见，而在短视频平台则还处在探索的阶段。其实早在 2016 年，秒拍就想过要做内容付费功能，但许多业内人士都不看好，觉得秒拍上都是些娱乐化的内容，观众不太会为这些内容埋单，只会选择去看其他平台。于是这个计划就没再提起。当然，在内容付费上也有很成功的案例，比如新片场推出的《电影自习室》系列付费短视频，它是主要为初级电影爱好者设计的，里面包含了影视方面的心得与技巧。《电影自习室》总共制作了十六集，单价 299 元，光是预售就卖出去一百多万元，短短两个月时间，一共卖出接近两百万元。

虽然短视频的内容付费已经初见苗头，但是还不成熟，不能像直播打赏或者音频、长视频那样培养出付费的习惯。要想达到那种程度还得注意两点：一是保证能够不断输出高质量内容；二是要能解决用户的痛点，提高用户的复购率。

对于短视频平台来讲，推出一两个成功的付费短视频产品并不难，最困难的地方在于能够长久且稳定地输出优质内容。

只有短视频中的精品才有未来，市场在逐渐成熟，短视频的付费形式一定会发展得越来越完善。

第二节 订阅打赏

短视频内容变现的第二种方式是订阅打赏。预测在未来很长一段时间里，订阅打赏都会是短视频领域最为有效的盈利模式。

不过，在短视频行业里，只有那些自带超高人气和流量的团队才能成功地利用好订阅打赏的功能。

许多观众对订阅打赏这种模式应该都不陌生，这是短视频内容变现最直接有效的方式，也是检验每个短视频内容创作质量的关键标准。观众光是点赞、评论与转发还远远不够，只有为短视频内容订阅打赏，才说明他们对短视频内容真的喜爱。

打赏这一功能的出现，让越来越多的观众开始愿意为自己所喜爱的短视频付费。在这样的发展趋势下，观众参与打赏活动的热情会越来越高涨。要想通过打赏变现，创作者需要注意以下四个方面：

一、使订阅打赏成为观众的刚需

我们可以观察直播行业，发现主播们生产内容最大的动力就在于直播间“粉丝”和观众赠送的礼物。所以为了能够获得更多的礼物，主播们纷纷大显神通，使出浑身解数让观众满意，从而自愿给主播刷礼物。

因为刷礼物是直播变现的常态，所以当观众使用任何一款直播软件时，都不会排斥这种打赏的方式。

直播打赏已经成为观众观看直播的一种习惯。而在短视频行业里，观众对于订阅打赏这种模式还是非常陌生的。

短视频和直播不同，在播放时不能和观众直接互动，所以观众对短视频内容的反馈不会实时地反映出来。于是，在不能为观众的观赏体验带来提升的情况下，打赏不打赏，订阅不订阅，就显得无足轻重了。

而且短视频的观众根本不会意识到，订阅与打赏对一个短视频团队来说有多么重要。所以在创作短视频的内容时，就要想办法让观众看到短视频团队对打赏的需求，只有这样才可以让观众认可、接受并自觉采取打赏短视频的行为。

不要单纯地想用“做出优质内容”的方式去打动观众，寄希望于他们能自觉主动打赏。要知道，观众是被动的，想获得打赏就在短视频里直接说明。具体怎样求打赏还要看短视频团队能编排怎样的话术，这些可以根据短视频内容的风格、定位和主题来进行思考。

二、要激发观众的帮助心理

要想通过订阅打赏的模式进行变现，短视频团队可以参考直播的那种模式。大部分的网络主播在直播的过程中都会想尽办法让观众给他们刷礼物，比如他们会直接在直播的过程中对观众讲出自己的需求，请观众帮助才能完成，通过这样的方法来博取同情，从而激起观众的帮助心理。

对于短视频来说，同样是做内容生产的，虽在形式上略有不同，但是也可以仿照直播的这种方式直接向观众求助，从而激起观众的帮助心理。

要让观众知道短视频团队需要他们的帮助，将订阅打赏行为变为帮助性的活动。要让观众知道一点，只有他们订阅打赏了，团队才有动力创作出更多优质的内容。如果观众意识到这一点，就会更加愿意进行打赏和订阅。

订阅打赏还是一个持续的过程，要能够让观众看到他们打赏后的反馈效果，这样有利于增加日后的打赏次数。观众的主动打赏，也可以说是和短视频创作者之间的一种互动形式，只有两者之间形成一种良性循环，才能达到产销平衡的效果。

三、要提高观众的身份优越感

只要是看过直播的都知道，当主播接收到直播间观众打赏的时候，会在直播的过程中采取不同的方式表达谢意。订阅打赏同一时间观看直播的其他观众，不但会感叹别人打赏金额之大，同时也容易产生攀比的心理。所以短视频团队要想通过订阅打赏的方式获得变现，也可以学习直播的这一模式。

对于不能及时订阅打赏的观众，要怎么做呢？可以设置一种专门的等级制度或是会员制度，让打赏金额越高的观众获取更高的等级，以此来提升观众的优越感。还可以让不同等级的观众获得不同的权益福利，看上去并不能让观众获得什么实质性的好处，却可以让他们与普通观众之间产生身份上的差别，让那些经常订阅打赏的观众获得心理上的满足感和优越感。

四、要改变观众打赏时的默认选项

单从订阅打赏来说，给观众两个选择，一个打赏一个不打赏，往往效果都不太理想。可要是让观众从打赏五元和打赏十元之间做出选择，很容易就让观众不由自主地订阅打赏，因为这激起了他们的主动性。通过改变观众打赏时的默认选项，即便不改变其他内容，也能收获一定的效果。

然后经过长期的引导与熏陶，让观众打赏成为一种常态，当他们形成这种习惯后，订阅打赏就变得更加容易了。

打赏变现的这种方式在短视频行业里，并不是最常用的一种模式。订阅打赏变现有个大前提，那就是短视频团队自身得先积累起大量的粉丝和人气。

第三节　渠道分成

当下的短视频行业发展势头正旺，各大渠道平台在短视频行业推出的扶持计划无疑又为这个行业添了一把火。对许多短视频创作团队来讲，这是一个非常大的福利。其中来自渠道的分成，也成为短视频团队创业初期的重要盈利来源。

渠道的分成对于一个短视频创作团队而言是他们初期最直接的收入来源。所以在运营过程中最关键的问题就是对渠道的选择以及思考怎样获取最大的分成利益。

当下常见的短视频渠道分成平台有美拍、今日头条等。

这些平台可以分为推荐渠道、粉丝渠道、视频渠道，每种类型的渠道都会产生不同的平台分成方式。

推荐渠道就是通过这个渠道发布的短视频，它们能够获得的短视频播放量，主要是与系统的推荐挂钩的，不会受到过多的人为因素的影响。推荐渠道中当属今日头条最为典型。视频渠道中的短视频和推荐渠道的有所不同，它们主要是通过用户搜索以及平台编辑推荐来获取播放量的，例如搜狐视频。只要拥有了好的推荐位置，那么在视频渠道里就可以获得更高的播放量，渠道产生的收益分成自然不会少。

还有就是粉丝渠道，粉丝的作用在这个渠道里可以发挥到极致，能对短视频播放量产生最直接影响的就是粉丝数量了，其中美拍就是粉丝渠道的典型平台。不过值得注意的是，粉丝渠道也存在编辑推荐的方式。

短视频团队面对众多的短视频渠道平台，一定要先进行详细的规划分析才可以着手选择。对于一个短视频团队来说，平台分成虽然很重要，但首先要考虑的是用户、粉丝以及短视频品牌形象的发展。每个短视频团队所创作的内容和类型各不相同，所以在不同的平台上也会产生不同的播放效果。

选择好适合自身的渠道投放短视频，才可以收获想要的效果，从而获取平台的分成。短视频团队在选择渠道平台的时候可以这样做：

一、要选择好首发的平台

就比如今日头条，采用的是系统推荐的机制。人工智能系统会根据观众的观赏习惯对观众进行投放，可以帮助短视频团队精准快速地找到短视频的目标观众，而且还可以帮助团队测试一下创作的短视频内容是否能受到观众青睐。

而那些采取渠道分成机制的平台，如腾讯视频、搜狐视频、爱奇艺视频等，它们多数是采用人工推荐机制的，但同时因为平台上好的推荐位置都被买来的各大卫视的影视剧和综艺节目长期占据着，所以能留给短视频的推荐位是非常少的。

经过这么一对比，是不是觉得今日头条对短视频的精确投放对许多处在短视频创业初期的团队来说，具有极大的吸引力呢？因为今日头条就是通过查看数据然后分析来自观众的反馈，从而找到最适合观众的短视频内容。

除了有着非常好的推荐机制以外，今日头条还具有足够多的用户，这为短视频团队获取更多的播放量以及平台分成奠定了良好的基础。而且，短视频在头条上出现了错误会被及时发现，进行优化之后还能发布到其他平台上去。

所以，今日头条对于许多创业初期的短视频团队来说，最大的优势就在于冷启动，即便一开始没有“粉丝”也大可不必担心。同样的一个短视频，在今日头条上可以取得较高的播放量时，发布到其他平台上也不会差到哪儿去。不过别以为可以一劳永逸，还是需要团队付出时间精力去用心运营的，这样在头条才能获取更大的增长空间。

二、只要是有分成就发布平台

分成是短视频团队创业初期最直接的收益来源，所以理所应当的，只要是有分成的平台，团队都要把短视频发布上去。发布的平台越多，获取的分成收益就越多。当然，如果想获得这些分成，还是需要团队掌握一些运营技巧的。

不同的渠道平台都有着不同的特点以及不同的视频呈现方式，所以我们需要根据不同平台的要求，相应地调整视频的封面、标题、简介和标签等内容的设计，这些因素最终都会影响到短视频在不同平台上的播放量和分成收益。至于怎样运营好短视频的每一个环节，在这里就不予赘述了。只要记住一点，分成对于创业初期的短视频团队来说是非常重要的，但这一切都得建立在拥有优质内容的基础上。

三、要尽最大可能去争取视频平台的推荐位

目前大多数视频平台，比如腾讯、搜狐、爱奇艺这些，它们的平台主界面都被各种地方卫视的电视剧、电影、综艺节目等长期占据，短视频是很难在这些视频平台争取到好的资源位的。但如果短视频团队能够通过优质的内容争取到这些视频平台的推荐位，视频的流量就有了极大的保证。

最后我们要知道，渠道分成构成了短视频团队最初的经济收入，短视频团队要找到自己的定位，确定好自己的发展方向，找寻适合自身发展的平台，最终才能使短视频营销收益最大化。

第四节　植入广告

短视频领域，除了大量资金的支持和海量的内容生产，还需要大量的观众和流量给短视频的商业变现提供最强有力的保障。

短视频通过快速简洁的播放形式与创意内容相结合，使内容生产的价值发挥到了最大，同时也让品牌广告的植入贴合得更加自然。

短视频要想实现流量变现，最重要的一个途径就是商业广告。别看短视频行业现在异常火爆，但它存在的最大问题就是流量变现。

虽说商业广告是当下许多短视频大号最主要的变现方式，但有一个前提条件，那就是这一切都建立在拥有了大规模流量的基础上。

许多品牌大厂都知道，现在的传统广告很难覆盖到新一代年轻人了，短视频成了新的推广形式。短视频先通过创作内容吸引大批流量，再为商业广告引流，这就是变现的基本逻辑。而短视频广告最常用的两种变现方法就是贴片冠名以及软性植入。其中，贴片冠名是很早以前就盛行的一种形式，这种方法就是把品牌名或是产品名作为短视频栏目的名称，通过在片头进行标注、结尾使用字幕鸣谢、视频中人物口播等形式进行宣传。

很多人应该知道2016年papi酱的首支广告拍卖出了两千两百万的价格，其中在《papi酱的周一放松——奥运跟我涨“姿势”》中，就首次采取了开篇广告的形式。那次的视频是由美即面膜冠名播出的，品牌主的产品在那期短视频中出现不超过10秒，同时配合papi酱5秒的口播，这种就是最为典型的贴片冠名的形式。

贴片冠名的特点就是执行起来速度极快，覆盖的用户极广。相比起来，软性植入就来得隐蔽了许多，具有“润物细无声”的效果。软性植入在广告植入方式中是处于最高境界的。这种植入方式非常注重与短视频内容之间的贴合，目的就是把观众心理产生的厌烦感降到最低。

举个例子，魔力美食每天都会发布一条关于美食制作的视频，同时“RIO鸡尾酒”“大虾来了”等多个美食品牌都与魔力美食有合作。而魔力美食作为一个美食类的短视频节目，大多采用软性植入的广告方式，把产品具有的属性和短视频的内容结合起来，使它们达到一定的契合度，把广告产品包装成为节目内容，非常受观众的喜爱。

将商业广告和短视频相结合，是一种高效的变现手段。不过，这也给短视频制作提出更高的要求。

一、要制作出优质的内容

广告商们之所以会选择通过短视频来投放广告，就是希望高效率地利用短视频，来达到近距离接触产品受众，获得较高转化率的目的。现在的短视频行业虽然产量高，但是同质化非常严重，渐渐显露出了供需不平衡的行业现象。

在这个阶段，短视频市场里没有足够多的优质内容可以满足广告商的需求，所以制作出优质的内容且能保证质量不下降是目前最大的挑战。

二、要使广告和短视频内容高度契合

资料统计结果显示，许多观众不会在广告上停留超过10秒钟的时间，不过传统的媒体广告形式不用担心这个问题，在广告的投放和选择上可以随意一点。短视频的广告做到时间短、内容短就可以了。

广告和短视频相结合的方式有贴片冠名和软性植入等，它们各具优势，不过观众的反映表明，最好的广告方式是软性植入。所以，如果要通过商业广告实现变现，就应该尽量避免没有内容的纯广告和硬性植入的广告。

从外在表现上看，强加在短视频片头或者片尾的贴片冠名广告，会在很大程度上直接影响到观众的观看体验。从内在效果上看，贴片冠名的广告和短视频的内容、情

境融入没有任何关系，很容易影响到短视频的流量。所以将广告更加内容化，增加其与短视频的关联性，最好的选择就是软性植入了。

比如美食类的短视频新媒体，会选择他们的广告商大部分都是跟美食有关的。两者需要存在共同点才可以融合在一起，这就是软性植入的特点——把品牌与短视频内容结合起来，在观众观看的时候起到“润物细无声”的效果。

要想让广告做得更加自然且不会影响到观众的观看体验，需要根据自身的短视频内容来选择广告类型，这在很大程度上限制了品牌商们的选择。而且短视频团队还得考虑，选择怎样的方式来投入广告，才能够不影响观众的观看体验。

三、不要直接拿广告做短视频的选题

除了要把广告做到和短视频内容相契合以外，通过广告变现的时候还要注意，不能直接根据广告商的产品做视频的选题。在策划的时候，需要和商家共同讨论选题和策划的事宜。要保证同时满足广告商对于品牌宣传的需求和自身短视频新媒体的用户需求。不能由于需要加入广告而忽视了自己栏目的定位，要尽可能根据自身短视频的内容定位去找到广告植入的切入点。

因为对众多短视频团队而言，内容是根基，即使是广告植入，其核心也是在做内容。不能因为广告的植入改变了短视频的风格，转变了内容的方向。所以，短视频团队要根据短视频的定位和用户群特征去创作内容，这点至关重要。

四、要认识到用户决定着商业价值

短视频新媒体中，“粉丝”才是最终的目标群，不要仅仅去满足商业广告对应的目标用户的需求，而忽视了自身栏目定位的“粉丝”用户的需求。

如果团队的短视频内容满足不了自身的用户群，最直接的后果就是导致播放量下降，然后参与进来的广告品牌无法获得理想的宣传效果。所以短视频要想通过商业广告进行流量变现，最重要的是从目标用户的定位角度出发，选取适合的主题和广告植入方式。

通过商业广告进行流量变现是短视频行业里最为常见的变现方式。不过变现的方式越来越多样化，许多短视频也不再选择通过广告变现了，还有更加超前、有效、直接的变现方式，可广告变现仍然在众多流量变现方式之中占有很高地位。

第五节　电商合作

目前，与内容电商结合这一变现方式，正在渐渐成为短视频行业里最直接有效、收益最高的变现方式。

谈到内容电商，大多数人都是一头雾水：内容电商是什么东西？

内容电商和传统电商最大的区别就是，它具备两个关键因素，那就是内容和交易。

在互联网上搭建一个店铺，然后通过各种渠道将流量引入店铺中，最终促成交易，这是传统电商的套路。

内容电商则大不相同，它不需要从其他地方引入流量。比如短视频跨境电商，它流量的来源直接依靠的是短视频原有的“粉丝”积累。

传统电商的模式，是通过价格竞争或是单品竞争等方式来进行交易的。内容电商之所以能促成交易，是建立在许多用户本身就对内容具有一定的价值认同基础上的。

现在的时代早已经从图文信息消费的时代，过渡到了短视频消费的时代。同样，在内容电商的领域里，也发生着巨大的变革。传统电商平台依赖图文宣传推广来获取流量和转化率的模式，早就进入了瓶颈期。而依托短视频的营销模式，开始在电商领域逐渐兴起。

比如说，做美食类短视频的“小羽私厨”就已涉足电商领域，短视频内容在教授观众制作一些美食的过程中，会推荐一些有价值的产品，比如酸奶机、棉花糖机等。对观看这个栏目的女性目标观众而言，这样的内容很容易激起她们的购买欲望。观众可以直接去他们的网店里购买视频中提到的各种厨房用具。

概括来说，内容电商依托短视频变现，有如下三个问题需要有效解决。

一、输出优质的内容

内容电商最重要的核心就是内容，观众选择了什么内容就相当于选择了什么样的产品。所以最关键的是抓住内容，要让短视频的内容能够贴合观众的需求。许多短视频团队做完第一期视频后就江郎才尽了，怎么也创作不出可以支撑起第二期内容的话题。

那在短视频当中，什么样的内容才算得上是优质的内容呢？短视频现在位于风口之上，具有独创性的原创短视频内容可以使得短视频团队异军突起。内容说起来就是广告，要想做好电商营销，关键就在于短视频的内容是否能做到有趣且有创意。在内容上，要找出电商产品能和短视频内容相互契合的一个点，然后在这个基础上再进行内容创作，采用各种制作上的技巧将产品表现出来，在给观众带来不可思议的观感体验的同时，还要保持短视频原有内容的风格与趣味性。

此外还必须避免在短视频里对观众进行产品的硬性推广，这会在很大程度上影响观众的观看体验，从而导致播放量和点击量的下降。

许多产品都具备自身的使用场景，那么在创作短视频的内容时，就需要把产品还原到对应的使用场景中，可以使短视频播放的内容更有代入感。

所以在将产品与视频内容进行有效结合的时候，要最大限度地避免硬性植入。只有在确保内容足够优质的前提下，才可以增加自媒体和观众之间的互动，保持“粉丝”黏性，最终为商家做出最有价值的宣传。

短视频采取电商方式变现，虽然让视频内容带上了一些目的性，不过只要在画面设计、编剧上做到可看性极佳，就能非常容易地吸引流量。记住，优质的内容直接关系到观众流量的转化。

二、挖掘出观众的需求

要想做好电商变现，短视频需要做出的关键一步就是完成与销售的一键转化。优质的短视频可以迅速让信息传播出去。不管是图文，还是短视频内容，能够让观众在一个平台上从内容阅读转化到销售上，才是最终目的。

说得简单直白一点，短视频与电商结合，其实就是变成了商家销售的载体。所以在创作内容的时候，短视频团队首先要确定下来，你的内容最终到底是为谁而做，这样才能够找到适合的内容，达到理想中的效果。

不管是直播还是短视频，这些多媒体形式的内容，这些全新的体验方式，不仅能够更加近距离地接触观众，同时还可以满足观众在娱乐方面的需求。说到底，这些各种各样的方式最大的目的就是满足观众的观看需求。

所以在创作内容的时候务必要搞清楚观众的习惯特征以及心理需求。抓住观众的心理需求，归根结底就是要把握并且利用人性的弱点。要注意，短视频与电商的结合不是对内容进行二次传播，而是二次包装。所以要想在内容的包装上吸引观众的目光，就要找出视频的卖点，要从观众的需求出发，满足观众人性上的需求，才能为观众带来最舒适的观看体验。

三、选择好渠道和“粉丝”

选择渠道对于电商而言是至关重要的。短视频需要从单一的平台分发，发展到多平台分发。因为选择什么样的渠道对短视频进行分发，所能带来的点击量和宣传效果都是不同的。

选择渠道时主张“哪里可以销售产品就去哪里发布”，所以微博、微信、淘宝等可以进行交易的互联网平台就成为许多短视频团队的第一选择。

在选择渠道时要注意一点，电商性质的短视频是不适合投放到长视频平台的，比如优酷、爱奇艺、腾讯视频等各大视频网站。

所以要选择那些流量大而且推荐精准的平台，比如要是对某产品进行宣传销售的短视频，就直接投放到淘宝网的首页进行展示就对了，当然也可以分享到微博这些地方进行宣传。选择正确的渠道，才可以达成预期的目标，不然做什么都是无用功。

在把基础的渠道选择做好之后，接下来就是要注意持续积累“粉丝”了。前面提到的长视频网站虽然不适合发布短视频，但还是可以通过这些网站来积累一部分“粉丝”。现在是“粉丝”经济时代，“粉丝”越多，所能创造的经济效益就越多。

只要在“粉丝”上做到精确把控，那么不管销售什么样的产品，都会有人埋单的，短视频通过电商合作进行变现就是这么简单。

短视频与传统的图文模式的电商相比，无疑是更好的电商营销模式。“短视频+电商”的变现模式有着强劲的发展势头，而且渐渐变成了众多变现渠道中最为经济也最为高效的方式。

短视频在运营过程中不管选择了什么样的变现方式，都必须确定一点，那就是自己的内容是做给谁的。搞清楚定位后，还要保证视频质量，这是流量变现的关键所在。

第十四章　六大短视频营销平台

移动互联网的发展，为短视频创业者提供了更多的机会。对于短视频创业者而言，用户量的多少始终是衡量其创业成果优劣的重要标尺。基于此，如何吸引高质量的用户就成了摆在广大短视频营销人员面前的重要课题。找准自己的定位，选择适合的平台，提供用户感兴趣的内容等，对于短视频营销而言都是非常重要的几个方面。

第一节　抖音：一个迅速崛起的娱乐营销流量池

抖音是一款专注年轻人的音乐短视频社区平台，该软件于 2016 年 9 月正式上线，是一个集合了短视频拍摄和音乐创意的短视频社交软件。用户可以通过这款软件选择歌曲，并录制短视频，形成一个音乐短视频作品。

2019 年 7 月 30 日，演员李现入驻抖音，短短十天内，“粉丝”数超越微博，达到 2146 余万人。截至目前，其第一条抖音点赞数已超 2182 万，创造了惊人的“粉丝”互动记录。

这无疑是一场“抖音式”娱乐能量的集中爆发。李现官方账号正式入驻抖音前，其在抖音站内的热度就发酵已久，直接话题视频播放量超 176 亿，衍生话题中，播放量以亿次计的话题超过十个。对这位人气演员，抖音毫不吝啬地展示了自己的娱乐热情与流量实力。

2019 年 8 月 13 日，抖音在上海举办“IND 制娱——抖音娱乐营销沙龙”，分享短视频时代抖音娱乐营销的全景生态布局。

抖音在最开始的时候，使用了“潮”“酷”“时尚”等标签，很显然这个定位让抖音在开始发力时占据了优势，快速吸引了一批以一、二线城市年轻人为主的用户。

根据抖音对用户年龄及区域分布的统计，抖音用户中 88%为 90 后用户，70%以上核心用户（高活跃度用户）来自一、二线城市。目前抖音已经成为市面上最火爆的短视频平台之一。

抖音将“潮”“范”“魔性”“脑洞”等关键词作为其娱乐化营销的重点，在 C 端，这些核心关键词吸引了许多年轻人紧跟抖音设定的这股潮流，以此为主题进行视频创作；在 B 端，大量运动、时尚、旅行等品牌由于其产品定位符合抖音的调性，纷纷选择在抖音上进行适合自己的品牌和产品营销。抖音在为某品牌定制的短视频大赛中，启用吴佳煌等多位网络红人为其定制短视频，将抖音的优势体现得淋漓尽致。

相对来说，抖音有四大特性：魔性、时尚潮流、社交功能、大众化。

一、魔性

抖音的视频内容几乎有着相同的特点，它们可以很轻松地吸引住用户的关注，通过传递一种神秘的情绪，吸引用户的目光，让用户沉浸其中欲罢不能。因此，如果你也想做出能迅速吸引用户目光和情绪的短视频，可以模仿抖音那种切镜头、迅速录像、夸张的表演方式，让用户在你的视频当中“成魔成瘾”。

二、时尚潮流

抖音一开始的用户定位十分年轻化，整体 VI 视觉识别体系的风格也十分独特，这象征着他们未来的用户主流正在从 80 后、90 后往 00 后转移。

三、社交功能

在抖音的评论区经常出现一个现象，即网友评论比视频本身还要吸引人。因此，永远不要忽略你的产品在网络营销时的各种评论，它们也许是为你带来流量的重要口碑。基于目前抖音用户群体的火爆增长势头，或许在不久的将来会成为新的社交平台，因此抖音营销的前景不可估量。

四、大众化

在抖音上面，每个人都能轻松地成为导演，影像简单化和傻瓜式操作降低了拍摄门槛，让每个乐于尝试的人都能在抖音上找到存在感，使这个平台走向了千家万户。

基于抖音平台的娱乐化特点和以上优势，企业和品牌可以根据自身定位，录制相应的短视频在该平台进行营销推广。“记录美好生活”是抖音的新口号。这句没有什么鲜明特点的话，开始使抖音从小众逐渐走进大众的视野，也是他们逐渐扩大目标用户群体的一种体现。

第二节　快手：贴近真实生活的营销

相较于抖音，快手的起源似乎更加接地气，因为一篇文章而火爆全网，在《残酷底层物语：一个视频软件的中国农村》这篇文章里，描述了一个与一、二线城市完全不同的，以三线以下城市、乡镇农村为主要用户的短视频 App。

快手 App 里没有时尚元素，没有网红脸，视频的主要内容围绕着做饭、种地、工地搬砖、跳广场舞等社会基层人民的生活场景展开。

这种与日常生活息息相关的视频内容迅速吸引了广大网民的注意力。目前，快手用户已经超过7亿，活跃用户也已超过1亿，庞大的用户量证明了它的实力。

快手与抖音在口号的建立上十分类似，“记录生活，记录你”，这句话显得没有什么明显辨识度。

快手创始人宿华也表达了同样的价值观：“记录本身就是一个平淡的词，没有情感和情绪。”

相较于抖音有点“浮夸”的特点，快手的特点显然是“真实”，这也表达了两个平台的不同定位：浮夸的世界也许令人向往，但朴实的世界才更贴近生活。

有人在网上评论二者的差别：抖音上边小哥哥、小姐姐看起来颜值很高，都很漂亮，但时间久了，翻来覆去就那点东西，偶尔解闷还好；快手更像是一个集市，十分真实，尽管鱼龙混杂，但是总能找到你想要的。这也正是快手吸引年轻人的策略：来快手，看一种差异化的、接地气的、真实的世界。

也许连快手主创团队也没有想到，他们在放弃时尚、潮流这样的元素后，竟然还能聚集大量的用户，成为不同于娱乐化营销的另外一种平台。

因此，在快手上可以看到另外一种机遇，如果你能贴近它的真诚实在的特点，创作出吸引大众用户的视频，并且让用户通过观看视频一步一步产生好感，成为你的“粉丝”和潜在客户，那么在这个平台上进行短视频营销也必将产生良好的效果。

“海鲜哥”是快手平台上的一位网络红人。顾名思义，“海鲜哥”的视频几乎都与海鲜有关，再进一步了解，他的视频中所展示的海鲜都属于自家产品。

他利用人们对渔业的好奇，通过对日常生活工作的记录，向大众呈现了许多工作环节。例如：他会通过拍摄进货时的细节，让大家了解到海鲜交易的环境和交接货的内容；他还会录制做菜环节，教大家如何烹制海鲜；他还会利用网上火爆的吃播浪潮，对吃海鲜的过程进行直播。

通过这样生动真实地展现海鲜交易、烹饪、食用的各个环节让用户在对一个领域建立新的认知的基础上，也对“海鲜哥”的产品逐渐了解。一旦有用户认为这些产品是健康的、干净的、美味的，自然会带动产品的销量。

基于短视频的属性，一定要牢牢记住利用好“短”的特征，也就是说，要在极短的时间内，撬动用户的购买欲，促进产品的营销。

虽然视频的重点是营销，但是不能仅仅把它制作成一个广告视频，那样只会引起观众的反感。

想要在快手平台做好短视频营销，最重要的是做到真实接地气，直观反映生活原貌，维持好短视频原有的乐趣，同时利用短视频营销的优势，更生动真实地呈现出产品状态，让观众能够被吸引。

例如，一顶帽子仅仅放在店里展示，也许会因为外观不够吸引人而无人问津。但当有人戴着这顶帽子走在街上，或者通过其他方式进行展示，使周围的人可以更加直观地看到这顶帽子戴在头上的效果，就可以让周围的人更有代入感，从而激发大众的购买欲。

因此，可以利用快手平台带入生活场景的便利性，为观众展示商品在生活中的用途、样态等，从而可以更加有效地激发观众的购买热情。

第三节　秒拍：年轻化营销

无论哪个时代，年轻人永远是潮流的风向标，具有最强劲的购买力。因此，各大品牌商都会努力把握年轻人的潮流动向，让自己的产品能贴近年轻人的喜好和需求，让他们喜欢自己的产品。

作为短视频营销平台，如何能让自己的品牌更好地达成年轻化战略目标呢？秒拍就抓住了这个商业热点，推出了自己的“年轻化一站式服务”，通过一系列年轻化营销活动、年轻化内容、年轻化渠道，吸引年轻受众。

一、活动年轻化——提升趣味性，拉近与目标用户之间的距离

早在短视频行业兴起初期，秒拍作为老牌短视频平台，就已开始在视频营销领域深耕。基于图文信息流的营销思维，他们很快就将重点转移到视频营销上，开启了更加多元化的活动。

例如，秒拍与肯德基之间合作过一次极具趣味性的营销活动。他们在圣诞节时期，共同发起话题活动——圣诞吃鸡，他们利用了热门游戏的元素拉近了与一部分年轻人的距离，又邀请了人气偶像鹿晗、朱一龙、罗云熙拍摄圣诞愿望视频进行宣传，进一步吸引了大批“粉丝”上传自己的“圣诞愿望”。肯德基、“吃鸡”和偶像因素叠加，轮番提升了视频营销的趣味性。

其中，偶像明星以其超高人气成功吸引了众多年轻用户的参与；而外表酷似圣诞老人的“肯德基爷爷”“对着炸鸡桶许愿”“圣诞季”“吃鸡”等元素，既有趣又能引发

年轻人对于童真的渴望。最终活动视频总播放量超过 2100 万，在获得了巨大流量的同时，还为门店带来了实际销量转化，将更加“暖心”“年轻化”的商业品牌形象植入消费者的内心。

此外，秒拍还经常利用偶像明星的力量，发起“粉丝”打卡活动。被邀请的超级人气明星包括 TFBOYS、朱一龙、任嘉伦、马思纯、邓紫棋等，这些明星所覆盖的“粉丝”群体十分广泛，因此带来了很多参与者。这些参与者通过拍摄秒拍全新广告、标志，为明星加油。最终，这项活动在秒拍以及明星的带动下，由于更贴近年轻人的兴趣，话题总阅读量超过 10 亿，并吸引了大量用户参与，也为品牌曝光以及建立自己的口碑奠定了基础。

二、内容年轻化——明星、MCN、UGC 赋能

秒拍最核心的内涵是明星效应，目前在秒拍入驻的有 TFBOYS、贾乃亮等 3000 多位明星。明星在秒拍上带来了年轻化的内容，以及天然的流量和话题。明星可以在秒拍上发布新歌 MV、生活日常、影视剧预告等作品，每一个元素都可以引发年轻用户和“粉丝”的热议，产生话题。

秒柏还与各大 MCN 机构合作，例如 papitube、洋葱视频、略吱一下等知名 MCN 机构。这些 MCN 出产的内容，都有几大特点：产品质量高、追热点、引发共鸣、贴近年轻人。秒拍也正因为这一点，与他们建立了很好的合作关系。一方面，大量的 MCN 机构在秒拍持续产出高质量视频；另一方面，秒拍将进一步对优质内容进行大力扶持，保证了平台年轻化内容的稳定性，可谓双赢。

此外，秒拍之所以能够聚集大量年轻人，还在于月活跃量近 3 亿的 UGC 用户为秒拍提供了源源不断的年轻化内容。

大量的新主流用户通过在秒拍上拍摄视频进行分享，分享的内容包括生活日常以及追星。用户通过发布生活日常视频，对自我进行表达，引起他人的关注；而追星相关的视频，则极大地促进了年轻用户之间的交流，满足了一部分用户对明星生活的好奇。

三、渠道年轻化——社交属性实现了内容营销的价值最大化

秒拍通过与微博的链接，拥有自己天然的优势，成功地发挥了自己的社交属性。据艾瑞数据提供的微博用户画像显示，2018 年 3 月，微博月活跃用户数突破 4 亿，其中 30 岁以下的用户占比为 53.69%。庞大的用户活跃量，以及年轻人更热衷对内容进

行分享和讨论的特点，保证了秒拍内容的传播力度，更好地释放了营销内容势能。

四、用户年轻化——秒拍新主流用户成主力

秒拍的自我定义为年轻化产品，因此拥有众多年轻用户。秒拍发布消息称，未来将通过结合明星战略以及年轻化定位，进一步发掘目标用户需求，为用户提供更多契合内容，从而让平台更多地聚集优质的新主流用户。所谓的“新主流用户”即一、二线城市中那些高学历、高收入，爱美、爱玩，热衷休闲娱乐，善于自我表达，追求新鲜事物，个性化十足的年轻用户。

据相关数据显示，秒拍月度活跃用户数为2.86亿，在全网短视频用户渗透率排名第一。其中35岁以下用户占70%，北上广用户占14%，本科及以上学历用户占40%。

新主流有其年轻化的特点，更容易接受新鲜事物，并且更乐于对自己认同的内容进行积极传播。这对品牌而言是一种优势。他们利用新主流用户所带来的巨大流量，打造更为积极的品牌口碑。同时，这些新主流用户也极具购买力，因此对很多品牌而言，这些用户也相当于海量的潜在客户。

营销活动、渠道、内容、用户，是形成秒拍年轻化营销的一站式服务的重要因素。秒拍通过年轻化营销活动、年轻化渠道、年轻化内容、年轻化用户，为品牌完成年轻化营销提供了一站式服务。

2016年起，上海迪士尼度假区与秒拍展开了持续的深度合作，目的是吸引更多年轻人前往游玩。接下来，秒拍还整合了各类资源执行了全方位多元化的营销策略。在发起“迪士尼万圣节”“春天心故事”“迪士尼新年篇”“玩具总动员”等主题活动后，秒拍还邀请明星以及PGC助阵，拍摄视频进行宣传，号召更多的年轻用户参与推广。除此之外，秒拍还联合一下科技旗下其他产品共同发力，全方位覆盖和触及更多用户，达到活动的全方位营销。

此外，秒拍还与MCN机构略吱一下合作，结合其潮流栏目“暴走街拍”，深度定制了迪士尼的年轻化内容。该栏目还通过打造迪士尼“情侣档”“家庭档”的街采栏目，建立与消费者之间的联系，引发消费者的共鸣。通过“暖男向前冲”“幸福停车”两期短视频的话题采访内容，打动受众，提升用户对品牌的好感度。

最后，通过与微博联手，共同在网络渠道上对相关活动内容进行全面分发，从而获得了上千万的播放量及过亿的话题阅读量，用户纷纷对优质内容进行互动和转发，使该话题触达更多的目标用户。

迪士尼的活动展现了秒拍如何将内容准确传递给平台更多年轻用户的过程。他们

正是通过年轻化的营销活动来引起年轻用户的关注和参与，再通过年轻化渠道，对年轻化内容进行传播。最终，年轻用户反哺品牌活动，完成短视频营销的一站式服务，形成营销闭环。

第四节　西瓜：综艺类营销

现在的短视频营销领域中，西瓜视频是一个不容忽视的平台。

2018 年 8 月 2 日，西瓜视频正式宣布全面进军自制综艺领域，打造原生综艺 IP。

2018 年 10 月 12 日，西瓜视频发布九档综艺片单，涵盖移动微综艺与原生综艺两大内容类型。

一、微综艺

得益于短视频的火热，微综艺逐渐进入综艺市场，此类节目时长在 15 分钟左右，以短小精悍、节奏轻快、网感强烈、话题度高而著称，再加上垂直细分题材，迎合了广大网友的口味，深受各大平台推崇。

郭德纲首档短视频脱口秀《一郭汇》入驻西瓜视频，上线 24 小时，播放量破 1300 万。

还有以鹿晗本人为核心，以广大的“鹿晗”群体为传播半径的国内首档纯网络纪录片式互动真人秀节目《你好，是鹿晗吗》八集播放量高达 1.6 亿。

商业模式方面，目前，微综艺大都以冠名、赞助、特约为主。

相较于传统综艺广告十几秒的转瞬即逝，短视频的表达方式不仅能让广告主凸显品牌诉求，更能够将品牌属性与节目内容精准匹配，锁定核心用户，从而实现广告价值。

二、原生综艺

西瓜视频将打造 9 部综艺节目，包括移动原生综艺“头号任务”“考不好没关系?”及 7 部微综艺“西瓜拌饭”“理娱客”“我和哥哥们”“丹行线”“遇见台湾，遇见金马”“海角甜牙”“侣行·翻滚吧非洲”。目前，整个综艺领域都开始呈现出创新乏力的问题。西瓜视频此番打造的移动原生综艺和微综艺或许会是国内综艺市场的突破。不仅如此，西瓜视频在进行内容营销方面也具有独特优势。

1. 资源优势

西瓜视频在 UGC 层面打造了集内容制作和商业变现于一体的内容生态平台。其用户增长迅猛，月活用户超过 1.5 亿。

2. 定向精准

西瓜视频有着一套十分明确细致的定向标准。具体而言，基础定向如用户性别、年龄段选择；地域定向覆盖全国四十多个城市，3000 个商圈，精确到省、市、商圈区域；用户环境定向细分到设备类型、操作系统、手机型号、网络类型选择；兴趣定向包含了 186 个兴趣标签，如游戏、科技、金融、餐饮、理财、汽车、体育等，对目标人群进行了十分详细的分类。

3. 用户渗透率高

在主要短视频平台同领域用户渗透率中，西瓜视频渗透率达到 56.0%，排名第一；快手渗透率为 55.1%，排名第二。

对于短视频平台而言，针对用户特点进行精准投放是十分重要的，而提供优质的内容可以打造显性竞争优势。

西瓜视频正是看到了精准投放的重要性，才通过分析海量数据，在用户增长的同时率先做出布局。

首先是通过短视频整合用户播放数据，进行用户倾向判断，以短带长。在此基础上，引导用户在观看过程中找到兴趣要点，逐渐完成从观看到消费的闭环。西瓜视频以建立互动场景为基础，通过强势内容进一步吸引用户。

西瓜视频利用人们对综艺类视频越来越高涨的热情，以及不同于传统综艺的长节目架构形式，推出了更符合受众观看心理的微综艺内容。西瓜视频推出的这种节目形式，一方面由于时间较短而很容易被大众接受；另一方面，紧随热点的新鲜优质内容也满足了人们了解时事的需求。

除了这些优势以外，更重要的一点是，西瓜视频展现出了更加流行有趣的内容与形式，让大众更容易接收到重要信息。这也是它比传统新闻视频更具吸引力的原因。

将创意变为现实还需要考虑具体的应用，即使最优质的内容想要得到广泛传播也离不开营销推广。很显然，西瓜视频的营销变现能力不容小觑。例如：在汽车营销方面，西瓜视频优质团队推出了“侣行——穿越东欧”等微综艺节目，凭借全新的创意玩法，高度人文化的全新视角，以及高质量的内容拍摄，使该微综艺节目得到广泛好评的同时，也获得了更多汽车品牌的合作推广。西瓜视频也因此展现出强大的原创能力，得到了更多合作汽车品牌的青睐。

综合来看，西瓜视频的综艺特性，也将成为西瓜视频在短视频营销中的优势。

第五节 火山小视频：圈层化营销

目前，短视频营销已逐渐成为企业营销的主要方式之一，原因在于各种短视频App深受用户喜爱，在无形中拉近了品牌与用户之间的距离，品牌因此在短视频营销中获得了新的机遇。

火山小视频是一款15秒原创生活小视频App，通过小视频帮助用户在展现自我的同时，迅速获取内容，获得“粉丝”，发现同好。

目前来看，在火山小视频的用户身上，可以看出非常鲜明的特征：

第一，年龄在25—35岁的用户占比超过一半，显示出年龄层次的轻熟化趋向。这说明火山小视频的用户中出现了越来越年轻的群体，这与有着相同年龄定位的品牌相契合，同时也给品牌一个重要的启发，目标客群并不能一味地追求年轻化，需要在青年用户和中年用户中，根据其消费决策能力等方面的特质，寻找一个平衡点。在这区间拓展目标客群，才能获得更大的利益。

第二，三、四线及以下城市的用户占比高达52.3%，显示出了用户下沉的趋向。根据CNNIC第42次《中国互联网络发展状况统计报告》，三线以下城市的网民在占比上正呈快速上升趋势。因此，如果将三、四线城市作为未来品牌营销的重点，那么可以提前针对这些区域的用户进行短视频营销，获得品牌营销的主动权。

第三，用户的消费能力十分强大，这主要体现在两个方面：一是用户对他人消费有着极强的带动能力，可以推动对方促成消费；二是个体的消费转化主要依靠网络红人带货、直播打赏等形成转化。

第四，符合细分化、垂直化的方向。垂直领域人群持续聚集，为形成价值机遇奠定了良好的基础。

有数据显示，2020年后，中国短视频行业月独立设备数的环比增长速度逐渐放缓，短视频行业需要开始寻找新的突破口。因此，未来短视频行业需要探索更有潜力的用户经营和商业模式，在存量市场之外开拓新的市场。火山小视频也正是抓住了新市场深度拓展的发力点，才进行了此次平台的升级。此外，三、四线城市网民的占比还在不断扩大，依旧保持着很强的增速。这也侧面反映了“人群红利”在三、四线城市市场依旧存在。目前，在火山小视频上，有大量三、四线城市新增网民因为找到兴趣点而沉淀了下来；在未来，这样的规模还会随着网民的增加而不断扩大。因此，火山小视频在未来的目标之一就是，帮助品牌在三、四线城市拓展目标客群，从而进行营销。

基于平台与用户的调性，火山小视频以圈层化的趋向为营销重点。

第一，在大方向上布局圈层和社群。三、四线城市的用户群体通过熟人关系（亲戚、朋友）和行业兴趣建立起了十分紧密的社交圈层，这使他们有着更稳定的生活环境和稳固的社交关系。这种社交圈层使他们彼此之间关系更加紧密，进而影响到他们的消费决策。这与火山小视频对三、四线城市用户的重点拓展和挖掘方向其实是相一致的。社交圈层影响了社交电商的快速增长，2018 年，社交电商的年增长率超过了 439.2%，这个庞大的数字可以证明一切。

第二，玩法上全面放大圈子的效应。火山小视频为了使更多兴趣相近、志同道合的人找到适合自己的圈子，上线了火山圈子。在圈子功能里，用户可以选择成为一圈之主，来维护这个圈子的和谐和活跃。未来，火山直播还会签约更多优秀的头部主播，对频道进行精细管理。这些主播的目标并不仅仅是吸金，还需要成为具有榜样作用的公众人物，努力提升主播自身的内涵。

第三，在内容的生产上，会对内容垂直度进行强化。火山平台上的美食、舞蹈、旅行都属于强势垂类。2019 年，火山推出头部 IP 计划，对更多垂类进行强化，鼓励培养出更多优秀的垂类作者，从而创作出更加优质的内容反馈给垂类兴趣爱好者。

短视频营销人员可以通过火山小视频的这些特性得到哪些启示呢？

第一，从用户运营的角度来说，圈层的向心力是通过兴趣的聚合来拉动用户的提升而形成的。火山特征鲜明的人群圈层是由多样个体的依托而形成的。这些圈层分别是：以生活消费为依托的中坚力量圈层、以人群兴趣为依托的城镇休闲圈层、以行业垂直为依托的职业技能圈层。

圈层可以使圈内的用户产生共鸣、认同感和归属感。他们产生于新兴的互联网消费群体，以同样的兴趣爱好，价值取向等聚集，形成圈层。圈层里人之间的包容性会远大于圈外人。因此，以圈层化来深度拓展用户成为重要的方向之一，兴趣属性强或者品牌特色鲜明的内容和产品，更受他们的青睐。

第二，从内容的生产和投放的角度来说，无论是贴近生活的内容、职业化内容还是时尚内容，总是能通过圈层内群体的转发扩散促进传播的裂变，最终有效渗透到圈层之外，在不同的圈层间形成回打效应，进一步扩大目标群体的范围。

在火山小视频上，既可以找到与自己有着相同兴趣爱好的圈中人，又可以找到职业上有相同学习意愿和追求的圈中人，这样可以同时从生活和职场两个维度包裹用户，让用户不仅能在工作之余通过娱乐解压消遣，还能在职场上与他人共同成长。这使火山小视频与用户之间产生了更强的连接性。

第三，从玩法提升的角度来说，圈层与直播功能互相渗透，使网络红人与用户之间的连接更加紧密，更容易影响用户的思维模式。

每当一个网络红人产出内容，这个内容就会显示在他的置顶主页上，并根据网络红人“粉丝”的社交关系进行分发推荐，所以网络红人的“粉丝”会看到网络红人分享传播的品牌内容，然后，“粉丝”又会根据网络红人的视频进行模仿，产出新的UGC 内容。

网络红人上传的内容还会通过信息流资源进行深度推广，通过分析不同用户的兴趣，对用户进行精准推送，实现对兴趣人群的全面覆盖。

一旦兴趣人群对该内容做出点赞、评论、模仿、合拍等行为，就会以不同形式触发对内容的进一步扩散，影响到那些潜在人群的点击观看。当足够多的人加入该话题时，这个内容就被引爆了。这是内容从内向外扩散传播的路径，将会吸引潜在兴趣人群的关注，最终形成价值沉淀，包括品牌认知、品牌涨粉、产品购买、人群数据标签等。

第四，从营销转化的角度来说，圈层营销缩短了从吸引力到消费力的心理回路。

这主要有三种体现：一是由于二、三线城市的休闲特性，消费者往往拥有较多的闲暇时间，与身边亲戚朋友的交往更加频繁，能够互相影响；二是当地人群消费的风向往往靠中坚力量带动和影响；三是作为本行业精英的职业人群，往往能在行业内发挥影响作用，能为特定行业的营销提升说服力。

第五，圈层营销可以实现从线上影响力到线下影响力的转移，之后再由线下回流至线上，由此实现新用户的拓展。在短视频娱乐化、碎片化倾向越来越明显的当下，面对并不是今天才出现的社群化运营、圈层化营销思路，可以将社群化、圈层化与短视频的用户拓展及品牌营销相结合，这无疑在 2020 年为火山小视频营销提供了新的视角。

第六节　美拍：女性经济视域下的营销

一提到女性短视频社区，很多人首先想到的还是它——美拍。

美拍这个视频类 App 凭借功能丰富、时尚好玩等特性，成功吸引了一大批“粉丝”。自 2014 年面世以来，作为微博上最有影响力的企业，美拍的官博也一直盘踞于微博前十位。

美拍算得上是目前原创能力最强、女性用户最为聚集的短视频社区。因此，它吸引了大批以女性受众为主的广告主进行投放。微播易平台交易数据显示，2017 年，在各视频平台成交额的数据中，美拍占比高达 44%，是 2017 年最受广告主青睐的短视频平台。

除了美拍自身的优势之外，美拍持续不退的热度也和所属公司的营销策略息息相关。

一、良好的用户体验与口碑

早在美拍上线之前，美拍的幕后开发者美图公司所发行的美图秀秀和美颜相机两款 App，便已深受用户喜爱，尤其在女性用户中建立了良好的口碑，这也成为美拍能在产生之初就聚集大量“粉丝”的重要基础。

青出于蓝而胜于蓝，美拍在美图秀秀和美颜相机的基础上，集合其优势，并带来了全新升级和飞跃，让用户在制作视频和直播的同时，能够使用唯美的滤镜，这一点相对于同行业产品而言，可谓极具核心竞争力，受到广大女性用户的一致好评。

美拍的良好口碑从美图秀秀和美颜相机延续至今，无论是上线之前的 IOS 平台公测，还是正式上线之后采取的免费模式，都使用户在得到良好体验的同时交口称赞，互相推荐传播，美拍也因此轻而易举地获得了大量的用户。

一个产品要想获得良好的口碑传播效应，一定要先给用户带来良好的体验。只有产品经得起消费者的检验，切实满足了消费者的某种需求，用户才会愿意主动帮助产品进行推广。

充分尊重女性使用偏好的美拍，在软件设计逻辑上很自然地杜绝了烦琐与复杂，使用起来简便而高效。美拍 iphone 版上线仅 1 天，即登 AppStore 免费总榜第一，并连续 24 天榜首。圈住女性用户，就意味着滚滚财源。脱胎于美图公司的美拍，有着天然的女性用户基础。在借势女性经济上，美拍很自然地赢在了起跑线上。

二、良好的社会化营销效果

社会化营销，即产品通过微博、微信等信息互动平台进行宣传推广的一种方式。

美拍深知任何主流媒体应用的成功都离不开社交，因此将“10 秒视频＋社区”的应用作为自我定位。他们在前期用户导入上，试图将绑定微博和 Facebook 的用户连同其社交关系一起导入美拍社区；为了提高关注度，又利用一键分享到其他平台的方式。这两步使美拍自身的影响力逐步扩大，并得到了很可观的传播效果。

三、“明星＋网络红人”双重“吸粉”

在美拍进入市场之初，“粉丝”用户借助明星推广快速壮大。很多用户下载美拍 App，是由于自己的偶像也注册了美拍，他们想通过平台获取偶像的信息，甚至和偶像互动。这个时期，由于明星效应，对用户产生了很强的吸引力。

之后，除了明星传播之外，一批网络红人突然在美拍上涌现，帮美拍成功吸了不少“粉丝”。就国内目前的娱乐环境来说，知名网络红人所受到的关注度，可以与一线明星比肩。

美拍的用户主要为“90 后”的年轻人，甚至也包括“00 后”。美拍也正是知晓明星、网络红人对这类群体的强大吸引力，因此通过“明星＋网络红人”的营销套路，将短视频营销发挥到了极致，抓住了用户的眼球，因此很多用户即使用了很久美拍也依旧没有放弃。

随着消费升级和中国短视频社交的发展，短视频营销逐渐在中国兴起，美拍也依靠着不断地更新拍摄剪辑玩法创意吸引着源源不断的新用户和短视频创作者，同时不断通过平台运营、大数据智能推荐和美拍达人扶持，占住视频社交与短视频营销两大风口，逐渐扶持起一批优质短视频原创作者，使他们成为在各个细分垂直短视频领域拥有话语权与影响力的短视频创作者。

四、巧妙的事件营销

事件营销只要策划得好，就能以小搏大，给企业带来惊人的曝光率。美拍很好地利用了事件营销这一制胜的神器，在一系列参与度高的话题活动策划中，打造出了最经典的“全民社会摇”。

“全民社会摇”活动是用户通过将经典摇滚歌曲，加上美拍上的特效，根据自己的音乐品位和节奏，剪辑出自己独特的“摇滚”视频，每个人都可以创造出独一无二的音乐，这一点立刻吸引了很多“粉丝”的追捧与积极参与，活动仅开展两天就拥有了近百万的播放量，在微博阅读量一度高达 1.8 亿，带来了强劲的热度。

美拍除了策划话题活动，还通过邀请全民女神全程直播时装周看秀，该过程全部由美拍平台播出，这为美拍带来了超多的“粉丝”量，她们通过在线观看和对女神表白的形式，扩大了美拍的品牌传播力。

纵观美拍这几年的营销之路，可以说各种营销方式齐上阵，集合成了一部网络整合营销的教科书。一方面他们以此扩大了产品的知名度，另一方面他们吸引了更多的用户参与进来。

然而，美拍的短视频加分享之路，会随着大众审美的疲劳而被“粉丝”们慢慢地遗忘在脑后。美拍也许也意识到了这点，开始向短视频平台转型，扩大自己的内容范围，力争让女性用户喜欢的同时，也让男性用户在上面找到兴趣所向。以女性群体为营销热点的女性经济发展势头越发迅猛，“为她服务”已成为目前流行的经营策略。在未来，美拍将会持续深耕女性文化，将女性经济的道路走得更远。

第十五章　常用剪辑软件的使用

第一节　剪映的使用

剪映是抖音官方推出的一款手机视频编辑剪辑软件，带有全面的剪辑功能，支持变速，多样滤镜效果，而且有丰富的曲库资源。接下来，让我们好好了解一下剪映。

一、界面简单，功能却很丰富

剪映的首页非常简洁，只有三个主功能选项：第一个是开始创作，右上方为拍摄按钮，下方则为一键成片按钮。别看剪映操作界面简单，它的功能却不简单，带有不少视频音频编辑功能。

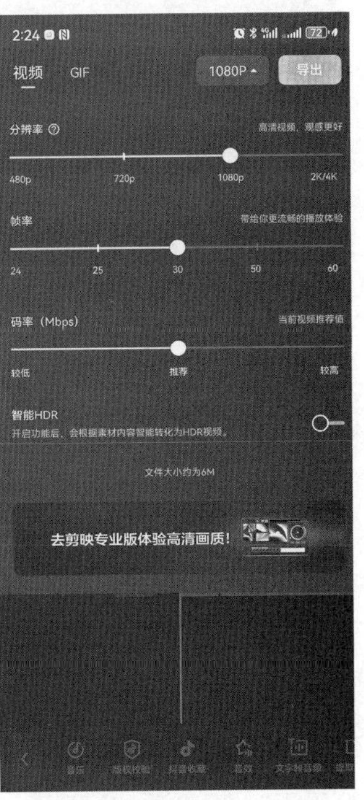

剪映支持批量导入多个视频或图片，支持视频与图片的混合内容导入，需要注意的是，超过 1080P 分辨率的视频将被压缩。

那么，剪映导入视频后能做哪些操作呢？我们接着往下看。

二、剪映的视频编辑功能可变声可倒放

剪映支持分割裁剪视频、视频变速、修改添加音频、音频变声与人声增强、支持倒放与旋转视频等功能，而且自带多种转场特效。

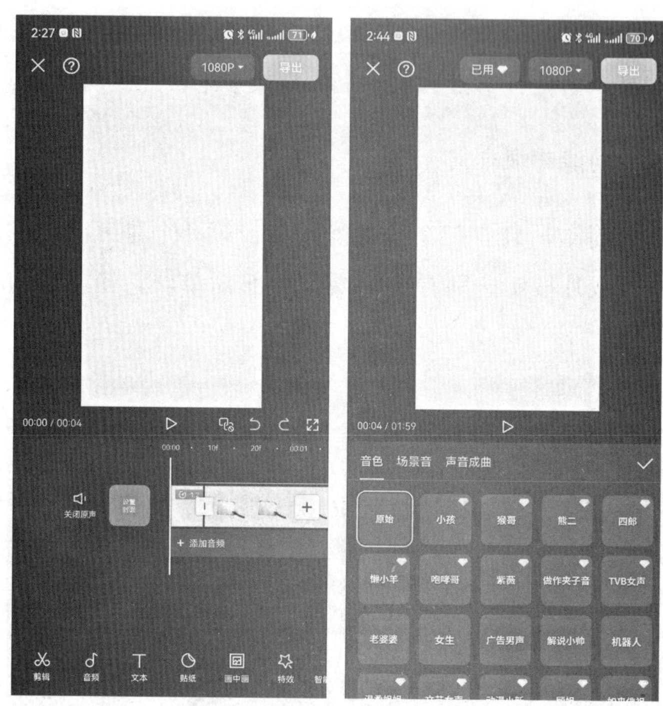

三、卡点视频轻松做，卡点音乐不用愁

在剪映的视频剪辑功能中，还有一个好用的卡点视频制作功能。卡点视频是根据音乐的节奏来切换画面的视频，抖音上很多视频都是用了卡点技巧制作的。在剪映中，用户只需要几步就能轻松制作出抖音风格的短视频。

剪映卡点视频制作步骤：

步骤一：新建项目导入图片素材。

步骤二：编辑界面选择“添加音频”。剪映为用户准备了不少卡点适合的音乐。

步骤三：点击音频区域，会出现“踩点”功能。剪映提供了自动踩点功能（可根据节拍或旋律自动踩点），当然你也可以手动加点。

步骤四：进入剪辑功能，可以看到音频上多了用于定位的黄色小圆点。

步骤五：根据小圆点来编辑视频中每张图片出现与结束的时间。

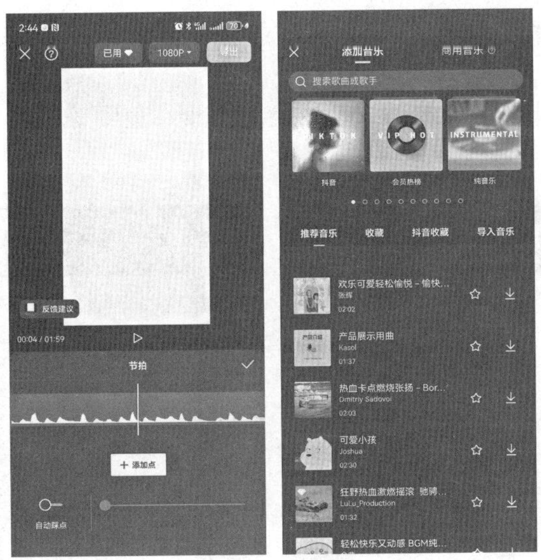

四、剪映加录音还能自动识别添加字幕

在剪映中你可以轻松地为视频加上旁白配音，用户只需要点选音频区域，就能添加录音，录音时视频也会根据录音时间来变化，方便用户根据视频内容来进行讲解描述。

剪映带有添加字幕功能，用户可以轻松为视频加上字幕，剪映还具有字幕识别功能，可以自动识别视频中的讲话并将其转换为字幕。

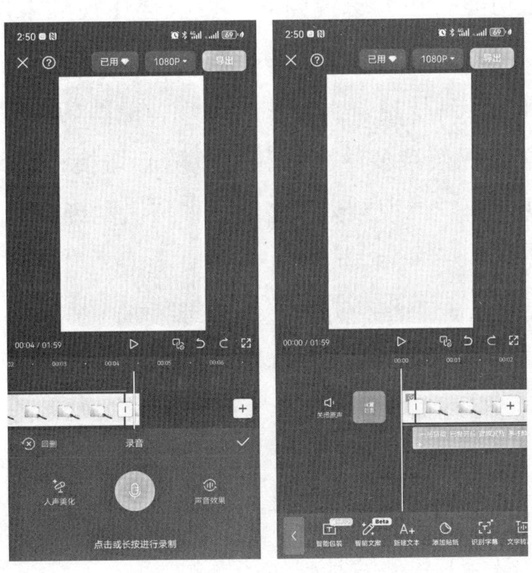

五、剪映其他功能

至于视频编辑软件中常见的贴纸、滤镜、特效、美颜等功能，剪映当然也有。

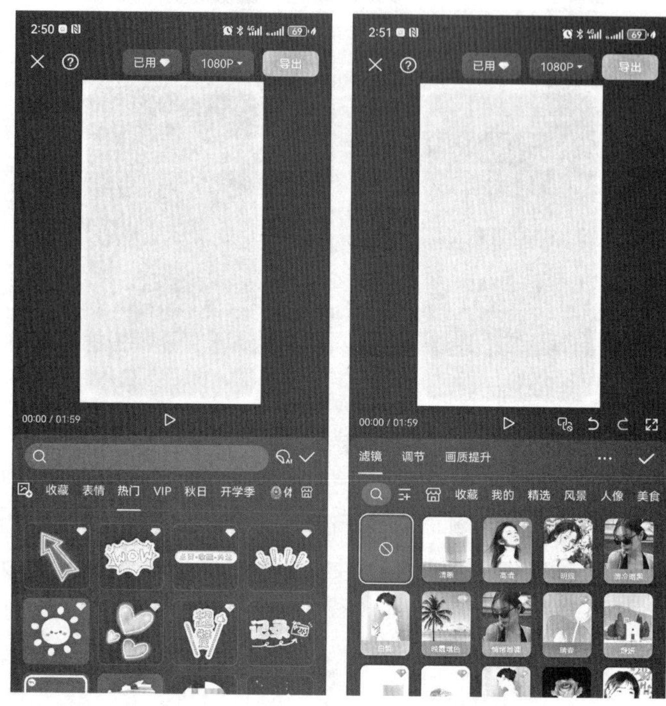

最后就是视频导出功能。在剪辑视频时，剪映会在视频末尾自动添加剪映编辑片段，不喜欢的用户可以将其删除，导出的视频格式为 MP4。

使用剪映，我们可以实现快速自由分割视频，一键剪切视频；节奏快慢自由掌控；时间倒流，感受不一样的视频；多种比例和颜色随心切换；交叉互溶、闪黑、擦除等多种效果。剪映的出现，为广大视频创作者提供了极大的便利。

第二节　快剪辑的使用

快剪辑，是一款功能齐全、操作便捷、可以在线边看边剪的免费 PC 端视频剪辑软件。接下来，为大家介绍一下软件的基础使用操作。

点击“开始剪辑”

选择“本地视频”或“本地图片”

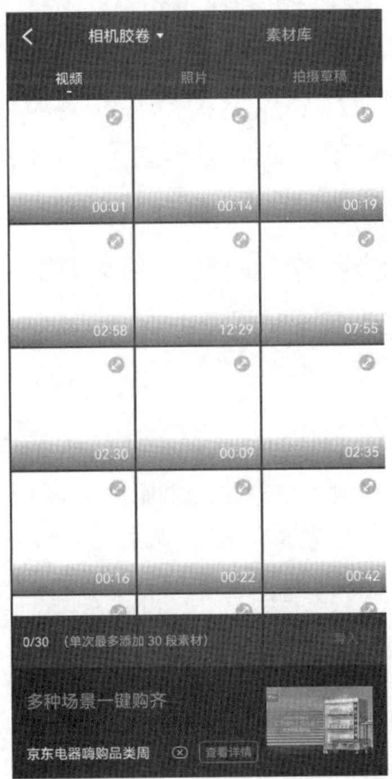

选好打开，可以添加几个，鼠标移到右侧视频窗口点击“导入”按钮，把视频或图片加入时间轴。

可以点击进入编辑窗口，有各种功能选项，如字幕、特效、画布、美化等，应有尽有。其中，“编辑声音”可以“添加音乐”或“添加音效”，也可以添加“本地音乐”；“原声音量”可以调整，“素材静音”可以直接去掉原声，上面还有“贴图”可以遮盖人脸，“马赛克”可以去掉视频里面的文字或内容，效果不错。时间轴上右上角的垃圾桶图标可以删除时间轴上的视频片段。

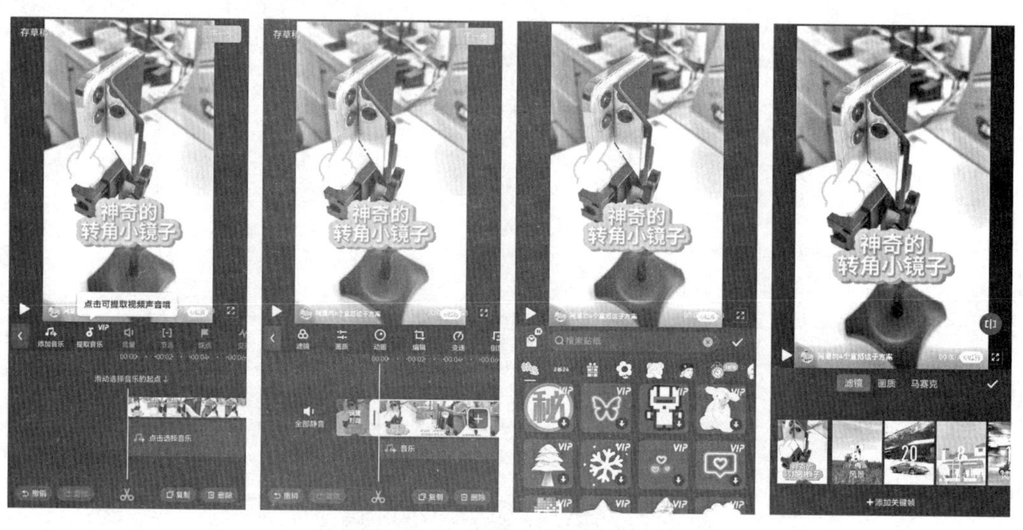

时间轴上有一把白色的剪刀，点击会把视频分成两段。剪刀上面，在视频中间的白线是可以拖动的，拖动到合适的位置，点击左侧的大视频播放可以微调，点击大视频的停止按钮，白线就会停止移动，再点击白色剪刀把视频剪成两段，把不要的删除。白线上面有个时间，可以双击填入数字调整时间实现微调。时间轴上的视频左右两侧都有箭头图标，剪多了可以拉动箭头，视频内容就回来了；时间轴上的素材可以拖动变换位置，换成想要的播放顺序。

快剪辑会员可享受“加水印”功能，可以加上 logo 标志，也可以选择不加水印。然后直接点击“生成”，“导出尺寸”“选择清晰度”可以选择“原素材”，也可以不进行操作。

完成后点击“开始导出”，填写“标题”，点击保存。

存草稿
让你的直播瞬间
提升档次的"秘密武器"
贴纸
装饰
画中画
美化
画布
进度条
音乐
撤销

神奇的
转角小镜子
00:00 / 00:43
水印
片头
使用水印
水印文案
快速定位
左上
右上
左下
右下

生成
神奇的
转角小镜子
请选择清晰度
原画质
高清 720P
普通 480P